中国网页设计前线

Face the Web China Site Design

编著：文芳

设计：王小菲

李明

湖南美术出版社

U0146715

内 容 简 介

Internet 在中国发展到今天，网页设计已经逐渐走向成熟。但在这遍地的网站中间，我们还是那么难以对各种设计抄袭网站视而不见，因为，它们实在是太多了。这里面不乏投资千万的门户网站和国内外著名的企业网站。

有鉴于此，蚁盟(www.yimeng.org)从推崇原创设计的视角出发，编写了中国第一本专门介绍华人原创网站设计作品及设计师的书籍《中国网页设计前线》。但愿这本书能够成为一部中国网页原创设计现状的记录片，为后来人提供一些参考。

在本书的《"毁"人不倦》中，您可以看到多篇国内资深华人设计师和设计公司负责人首次发表的专业论文，他们凭借自己数年的设计和工作经验，分析了网页设计在国内外的发展历程、行业情况，以及专业课程的比较和工作流程等问题，同时还包括关于网络艺术和商业设计的探讨。相信无论您是"菜鸟"还是专业设计师，从中都会获益匪浅。

另外一个大板块《前线"站"事》，收录了国内几十个原创设计站的精选页面、网站介绍、设计师的详细资料和访谈录。作为编者，我们并没有作过多加工，只是将他们的本色故事讲给您听，优劣由您评说。

本书不同于有些设计书籍，只为您讲解例如金属字、火焰字的做法，而是从更人性的角度去感受这些作品，希望给您的不只是一块金子，而更是一个点石成金的手指。

中国网页设计前线

编　　著：文　芳　李　明
湖南美术出版社出版、发行（长沙市雨花区火焰开发区 4 片）
责任编辑：黄　啸　邹敏讷
特约编辑：邹加勉
责任校对：武黎黎
排版设计：王小菲
印　　刷：湖南新华精品印务有限公司
经　　销：各地新华书店
开　　本：889 × 1194　1/16　印张：15.5　字数：320000
版　　次：2002 年 3 月第 1 版　2002 年 3 月第 1 次印刷
印　　数：3000
书　　号：7-5356-1623-2/J · 1529
定　　价：90.00 元

他们说："在这个中国网页设计的寒武纪，你要记录什么？一切还是那么丑陋，那么脆弱，谁看谁都不顺眼。"

我说："你们习惯了在秋天摘果子吃，可我想知道果子为什么甜。"

我的窗外漫天的柳絮像大朵的雪花倒着向上飞去，它们去了哪里？在这个忽晴忽雨的早晨，那些最最敏感和最最热情的生命去了哪里？那些如我们前来的网站设计新生代们，那些新新人类们，我给你们写一本中国网页设计寒武纪传记……

你们想做自己的主页吗？想靠着他们的肩膀看到你模糊的理想之岸吗？

你们的理想，那么不同的理想：做一个网络艺术家、一个商业多媒体大师、一个设计教育家，或者就只是想做一个普通的网页设计师。是的，这本书是给你们准备的。

他们让我在每个站的旁边来一个批注，或是品评什么的，我觉得还是算了吧，我就是喜欢听不同的人说不同的话。我只想把果子摘下来给你们，加糖加盐的事儿留给你自己吧。或许你找到了那个有默契感的，就看着他的照片给他打个电话，或是在icq上找到他说 "hi，咱们得认识认识"，也许按照他的软硬件配置去对比一下你们自己的也说不定。

是的，我们在这里和你们相遇了，不是因为我们可以歇歇了，而是因为我们在路上……

目录

"毁"人不倦

前线"站"事

设计师

商业

艺术与实验

网页教学

电子杂志

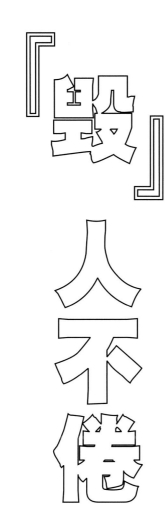

『毀』人不倦

谁看见了 Web Art

几乎从网络到达我们眼前的那一天开始，Web Art 这个诱人的词汇就频繁地挂在策划人、美评人、报纸文化版面记者的嘴边了。而艺术家们，经过了观念艺术的启蒙、行为艺术的洗礼、装置艺术的实践，现在开始兴奋地对着 Web Art 跃跃欲试了。

但是，Web Art 真的已经被我们清晰地看到了吗？

搜索引擎看见 Web Art 了吗？

在新浪或者搜狐这些国内最大的搜索引擎网站里，试着搜索一下"网络艺术"或"Web Art"，我们会发现根本找不到我们想要的真正的关于 Web Art 的任何东西。被搜索引擎归纳到网络艺术类别里的是网上业余画廊、广告图片库、网页设计个人工作室、卡通爱好者俱乐部、在线艺术书店等。对应的介绍都是这样一些南辕北辙的文字："艺术终极、网页制作、平面设计与 Web 的完美结合"；"现代中国著名美术家，浙江黄页栏目"；"平面设计、广告创意设计、网页设计制作、网站程序开发"；"网络艺术网站，介绍网页动画与中国书画及艺术家"。

就是说，如果我们相信搜索引擎的话，我们就得相信根本不存在 Web Art 这样一种只属于网络媒体的全新的独立的艺术形式。当然我们不能相信搜索引擎，因为我们知道那是机器人在作怪，我们还是应该相信人，相信有感知、有辨识能力的人脑，那就问问媒体吧。

媒体看见 Web Art 了吗？

在北京某著名报纸的某期文化版面上，有一篇题目为《21世纪——网络艺术跃上霸主之位？》的文章，郑重其事地谈到了网络艺术："网络艺术可以分为三类样态：一类是已经存在的文学艺术作品经过电子扫描技术或人工输入等方式进入互联网络，一类是直接在互联网上发表的文学艺术作品，还有一类是通过计算机创作或通过有关计算机软件生成的艺术作品进入互联网络。"

这种归纳法很有效，依此类推，我们就能迅速地辨别出数不清的新艺术形式，比如把"已经存在的文学艺术作品经过电子扫描技术或人工输入等方式进入报纸"，那就是"报纸艺术"；同样也可以"直接在厕所的墙面上发表文学艺术作品"，那就成了"厕所墙面艺术"，这样发展下去，还不知道会产生多少种新艺术的可能。

好了，传统的媒体对网络不熟悉，我们还是去问网络媒体吧，艺术网站不是多的是吗？呵呵，百分之八十的艺术网站竟然把那些 Flash 动画放在了贴着"先锋"或者"实验"或者"前卫"标签的栏目里，先别笑，艺术网站的编辑已经有点急了："那你说什么才是网络艺术，我们的 Flash 动画都配上摇滚乐了。"

这下怎么办，还是去问问那些见多识广的美评人吧。

美评人看见 Web Art 了吗？

一个身兼策展人、艺术家，同时也时常在各类艺术专业媒体指点江山的知名人物，做过行为艺术，做过装置艺术，做过 Video，并且据说也在做多媒体艺术，前不久写过一篇关于新媒体艺术的文章，他非常肯定地说现在网络上只有画廊、美术馆一类的实际是把传统艺术作品简单地搬到网上的艺术网站，还没有真正的网络艺术。

几乎与此同时，在北京著名的新艺术活动中心"藏酷新媒体艺术空间"的一次中德艺术交流活动的印刷资料页上，赫然地印着中国网络艺术作品的字样，其中列举的所谓的网络艺术作品恰恰有近一半是画家传统作品的网上展示，而余下的，有两个实际上是 CD≠ROM 形式的作品，在本地机器的八倍速光驱上运行起来尚且很慢，更何况把它们放到网络上。当然，如果主持人是我，我会狡辩："我们说的实际上是宽带时代的网络艺术。"但本次艺术活动的主持人不会这么不正经，因为他是著名美评人，并且是著名大学的艺术教授。

把范围扩得更大些，在全世界寻找关于 Web Art 的专业评论文章，中文的大概只有美籍华人姚大钧（他的正职是作曲家）在其个人网站"非常美学"上发表的系列文章算是言之有物地兼顾了网络艺术的概念和技术。而前提条件是，姚大钧本人在 1997 年就自己完成了一系列现在看来仍然不落伍的 Web Art 作品。

美评人这一次遭遇到一个尴尬局面——在网络艺术面前，大家集体沉默了。

习惯了在艺术家的前呼后拥下看作品的美评大腕，只要够聪明，词汇储备够丰富，即使面对装置或 Video 这样的新玩意，也不难察言观色地写出让艺术家和策展人以及观众皆大欢喜的文章。但 Web Art 是交互的，是非线性的，而且是具有很多的隐藏层次的，是需要一个人安安静静地坐在电脑前面在操作中慢慢体验的。在热闹的展览现场看别人玩 Web Art 与亲自玩 Web Art 的区别，简直比读小说与听别人转述故事梗概的区别还要大。

另外，Web Art 与技术特殊的密不可分的关系使得对 Web Art 的评论又要回到文艺复兴时期——需要美评人对技术有起码的了解，而 Web Art 在观念上的成熟经历又造成其与技术在某种程度上的疏离，其结果是，因为熟练掌握技术而把技术不当回事的网页和因为根本没掌握技术而导致网页的笨拙从视觉的表面来看是非常相似的，辨别其好坏的惟一途径就是了解技术。

这有点难办了，用鼠标阅读的基本能力还没有掌握，Web Art 艺术家们已经开始尝试超触觉体验了；了解网络平台初级技术规律尚且遥遥无期，那些志在颠覆网页技术环境的极端实验已经层出不穷了；好不容易在网虫的聊天过程中记住并且也能把 Flash 挂在嘴边，但是那和艺术事实上没有任何关系。

于是，"美评人一发言，Web Art 艺术家就发笑"。

Web Art 在哪里？

在传统美术馆的网站里，对 Web Art 最敏感的应该算是美国旧金山现代艺术馆的 Espace 了。说他敏感是因为他居然能够选入像 Day-dream 这样完全的数字时代的趣味和技巧的网络艺术作品，没有一般传统大美术馆的陈腐之气。相比较，另一个馆藏 Web Art 作品 Entropy8zuper 则更符合具有传统艺术审美习惯的美评的口味，因为在 Entropy8zuper 里能够找到大家熟悉的人文意义，而像爱情、圣经故事这些经典因素也容易获得被技术晃花了眼的美评人的理解，说白了，就是 Entropy8zuper 里"有内容"。

与传统美术馆相比，那些自发的只存在于网络虚拟环境之中的民间 Web Art 组织则已经走得很远了。

在 Rhizome 这个最早的 Web Art 入口，至少三年前就能找到非常成熟的 Web Art 作品了，现在，依附在以 Rhizome 为中枢的巨大的 Web Art 邮件系统中的成百上千的世界各地的 Web Art 艺术家们，每天用传统文字和程式语言随时随地地交换着关于 Web Art 的观念、手段和狂想。而从像 Rhizome 这样的网站出发，就不难到达散布全球的面目各异的 Web Art 据点。

当然，找到 Web Art 还有别的各种各样的办法，只要呆在网上，只要相信自己的眼睛，奇异的超感官体验就会依次来临。

循序渐进地开始吧，和 Entropy8zuper 类似的是 Squidsoup 和 Today，他们都有接近传统审美趣味的愉悦的视觉，技术也只会让页面看起来更神奇，他们不是在推敲技术，不是在实验，而是在用技术表达。

Dextro、Re-move、Silverserver、Turux，看起来像是同一个网站，无论图像还是声音都让你随时意识到和机器交流，随时意识到运算的存在，完全的非理性、二进制的进化逻辑单纯得好像米罗、蒙德里安等人在数位空间里复活了。

现在有足够的心理准备上著名的M9ndfukc上看看了，噢，不是看，是体验被控制、被操纵。这个隐身的网络怪人，像附体在网络上的鬼魂，其实验涉及网络的方方面面，莫名其妙的网页玩笑经常会把没有经验的访问者搞得手足无措，对网络可能性的探索已经超越了现有的技术和概念环境。

怀抱嘲讽技术之心的Web Art艺术家多的是，但是Unosunosyunosceros却能让我们身陷对技术着迷和厌烦技术的双重矛盾之中，Absurd与Unosunosyunosceros殊途同归，在恶意的技术错误中竟然意外地找到了技术的幽默感。

Web Art的多媒体属性让Web Art与音乐的关系空前亲密，现实中的Sound Art音乐家在网络上找到了他们大展身手的空间。事实上，前面列举的艺术家大多是一些全才式的人物，比如Turux，某些作品声音的比重比影像高出许多，而Squidsoup中最重要的作品恰恰是一个海底音景装置作品。在另一个网站Snarg中，无意识的机械图形完全让位于音乐，图形的作用仅仅是给交互式音乐一个操作上的支撑，最终的音乐，在浏览者的点击之下，在网络的不同角落被无限次不重复地重新创造。

还有没有仍然被大众忽略但是已经被Web Art利用的新媒介？有，当然有，而且永远会有。

"Love You ？"由网络艺术和设计组织"Shift"发起，邀请全球范围的Web Art艺术家和互动设计师把在商业网站无处不在的Banner作为媒介进行创作并在网上展出，操作方式、作品形式与传统的艺术展全然不同，但观众数量远远地超出了现实中的任何一次展览。

再看看这几个网站：www.0100101110101101.org；www.ctrlaltdel.org；www.404notfoud.org。

天哪，连域名都被Web Art艺术家打上主意了！

还有什么是不可能的呢？看看吧，这多么接近我们的理想：互联网的开放性让艺术从此摆脱特权和金钱的控制，真正独立起来，柬埔寨的艺术家和法国的艺术家有同样多的机会、同样多的发言权、同样的作品传播渠道，更重要的是，可以有同样健康的心态。

什么是 Web Art?

要搞清什么是Web Art必须首先要弄清什么不是Web Art。

显然，把传统的艺术作品简单地移植于网上的画廊式的网站不是Web Art。其次，仅仅采用了超文本链接形式但趣味和观念与传统艺术别无二致的也不是Web Art。

当然，除了在网络媒体中存放也能在杂志中发表，也更适合在画册中呈现并且信息几乎不会有任何损耗的作品不是Web Art。根本不了解网络媒体语言和特性，对声音不敏感、对影像不敏感、对交互不敏感、对技术不敏感，只对艺术时髦话题敏感而勉为其难的应急跟风作品不是Web Art。

那么，什么才是Web Art呢？

真正的Web Art应该具备如下几个特性：

1.观赏的私密性。

Web Art是只存在于网络中的艺术，网络传播的特点之一就是信息到达的每一个终端都是单一的，对应的浏览者的阅读环境当然是私密的。与传统艺术的公众化的集体观赏仪式区别，Web Art作品就可以更从容，具有更大的多样性。同时，观赏的私密性使得作者无法具体地看到观者的反应，因此使得Web Art作品更真实地接近作者的原始意图。

观赏的私密性也让作者和观者的关系变得更加纯粹，使作品的阅读过程更完整，更难被第三方信息打扰以及左右。

2.非手工的作品完成过程。

非手工的作品完成过程不是指使用电脑完成作品，而是指在Web Art完成过程里，不让作者的主观意志以及经验技能贯彻作品始终，而是要更多地依靠计算和随机的发展。人脑仅仅提供概念和前提，电脑去决定作品发展的可能方向。

去除作品的手工性，才有可能让作品以迥异于传统艺术的非理性的面目出现，才可以让Web Art作品从计量单位、内容结构、感官传递上与传统艺术截然分开。

3.交互性导致的作品结果的不可预料性。

Web Art是建立于超链接技术平台之上的艺术，作品不是一览无余的，对作品的阅读也不是单线性的。诸多隐藏的作品信息被不同的阅读者发现或遗漏，也就表明同一个作品面对不同的读者会有不同的结果。更重要的是，Web Art的交互性让作者与观者的关系发生了根本的改变，尤其是多人在线但互不谋面的交互使得每一个观者变被动为主动，在参与过程中成为作品完成的一个组成部分，影响和改变了作品的最终结果。其意外程度甚至让作者始料未及。

在与多媒体相遇的多年前的一个笔记本上，有一段文字还能清晰地分辨当时的兴奋："真正的通觉艺术时代来临了！多媒体不是简单的声配画，不是简单的元素相加，而是文字、图像、声音、动画在紧密融合之后的一次有机质变，而观看的人犹如在黑暗巷道中摸索般地一次次意外地把这些声音画面据为己有，其过程是五感之外的新的感官体验的过程。"

到了今天，Web Art带来的何止这点快乐！

作者 富钰
八股歌之二分之一
联系：apple@8gg.com

互动杂言

电话，文芳，人情，所以文章。

想了很多种开头的方式，最后写下了上面这段话。想表述的意思其实是：一天突然接到朋友文芳打来的电话约我为她的新书写篇文章，因为欠过她很多人情所以就答应了。

我猜想在看过开头之后，文芳一定很后悔打这个电话。

被邀的稿子内容是关于商业设计的，一个业内敏感的话题。商业的，一定是缺乏自我的，为金钱奴役自然是不好的。这个概念使得商业设计几乎成为追求自我的设计师们群聚时最为不齿的话题，多数情况下商业设计只在设计师需要挣钱养家的时候才会被偶尔提及。本来是不想讨论的，可是在文芳的怂恿之下，我的一点点着落文字的欲望被激发了起来，隐约记得是在一片溢美之词中，我处于半昏迷状态下答应写这个题目的。于是就将脑海中零零乱乱的一些碎片整理出来与大家共享，希望可以对大家有所帮助。

在文章的开头，我模仿了两类文坛曾经流行过的笔法来试图表达一些很简单的意思，想必大家一定看得很困惑。这类着落文字的方式时常会在一些前卫作家的文章中出现，用以体现一种性格或是姿态，从而使读者于茫茫然中感觉幸福，但其功能性之差却是毋庸质疑的，无法向读者明确地传达正确的信息。我想所有的人都会觉得我在这里这样着落文字的方式是错误的，但是我们却常常极其大方地在设计中犯下同样的错误。我们时常会注重了表象而忽略了功能，把大多数的精力放在了独出心裁上，而忘记了最为基本的功能和目的。

回头看看我们曾经做过的设计：为了精美，在页面中放置300K的高精度图片；客户的Logo（标志）太难看，移至角落里以避免破坏设计；导航条时有时无，点击链接之后找不到页面，一个看上去很像按钮的东西实际上只是个小装饰，但不知诱使了多少人点击；到处是颜色，到处是文字，到处是动画，就是不知道哪里是可以看的……想想如果我们拿到一本重量10公斤的书，一页红，一页绿，密密麻麻的芝麻小字，没有页码，没有目录，内容交互组合，还有连页，一个看上去很像标示价格的数字其实只是个小装饰，想知道书名叫什么，却发现为了不影响设计而从封面请走了。也许这样的书过于夸张，但这确实是发生在我们设计中的事情，只不过是换了种方式而已。

再举个小例子。见过这样的设计，就是按钮很酷，但是没有任何的说明文字，当鼠标Over按钮时，该按钮的功能说明会伴随着音效以某些极炫耀的方式出现在屏幕上。设计师还会为这个设计自己骄傲一阵子，惟独苦了观众，为了找到要去的地方需要把所有的按钮都过个遍。想想如果我们的电话按键是没有数字标识的，每次用户手指Over的时候，才知道知道这个按键是什么数字，那又太夸张了。

回到设计的话题，我想我们对互动设计的根本认识有偏差，互动设计应该更像我们传统上的工业设计，而且从广义上来说，应该是工业设计概念中的一部分。如果将一个画家和一个工业设计师来做比较的话，我想现在我们这个行业画家太多了。当然，我们也需要画家，画家可以创造艺术，可以制造气氛。但在中国的目前阶段，我们似乎更需要功能。我们需要先有很多的工业设计师，当应用的开发开始推动社会发展时，我们的"画家"再去创造文化。

中国目前的互动行业并不发达，一下子涌来很多彰显自我的"画家"，但却无法推动工业，久而久之互动行业由于不能创造价值而不能进步，自然也会对"画家"产生负面的影响。反之，如果很多优秀的工业设计师努力推动着整个工业以及社会的发展，这个行业繁荣，"画家"自然会找到更大的发展空间。

想如何做个好的"画家"大家都有自己的见解，但如何做好一个互动的工业设计师呢？这里就有一些恒久不变的东西了。互动这个词很重要，是我们工作的精髓，但并不是所有人都了解。人永远位于互动的一端或两端的位置，因此人是互动中最关键的部分，一个好的互动设计就是要令人满意，令人感觉舒服。想想你喜欢一个朋友，是因为他从穿戴到谈吐都很让你感觉满意；或是你喜欢一款车子，是因为这个车子无论从外观到驾驶功能都让你感觉非常满意。所以一个好的互动设计要带给人的就是让人觉得舒服，觉得满意。这点就是工业设计的终极目标——用户体验（User Experience）。看上去有品位，用起来到位，用完了还回味，一切在于用户的体验。既然人是最终的受众，那么人就是Experience要探讨的中心问题。诺基亚（Nokia）以人为本，其谈的就是体验。很多人喜欢诺基亚（Nokia）的手机就是因为诺基亚（Nokia）的交互菜单是所有手机中最好用的，不一定强大或者花哨，但够用，易用。这也应该是我们互动设计师要考虑最多的问题，如何以受众为本。

要谈互动设计中的用户体验是个也难也简单的话题。因为要说难，有专门的书探讨这方面的问题，大到内容构架，小到Button设计，是个非常庞杂的话题；但如果说简单也简单，因为只要牢记一条，以用户为本，凡事以受众为中心，就形成好的用户体验了。有一本叫做Don't Make Me Think的书，是专门谈用户体验的，对读者相当有帮助，有兴趣的朋友应该找来看看。一个好的互动设计应该让人感觉不到存在，当一切在受众感觉中非常流畅，不需思索，如行云流水时，就是好的互动设计了。那本书的名字Don't Make Me Think意即不要让我思考，要让一切都变得自然，用户需要简单，清晰，快捷地得到他想要的。

UE（用户体验）中还包括另一个重要的题目就是信息架构（Information Architecture）。一个网站到一个光盘或者一篇文章，如何组织架构所有你期望传达的信息以期让受众可以最准确地获取这些信息更是核心的核心。内容为王（Content is the king），交互的一切都是围绕内容的，那么内容的结构自然会深度地影响到交互。好的信息架构可以让受众在不自觉中接受所有的信息，而不至有错解，或重叠，或遗漏。

同样的，也有很多IA（信息架构）的相关知识，就不做详述了。但这里有个小技巧可以帮助你不用学习理论也可以形成好的用户体验以及内容构架，就是请你身边的一个人，或家人或朋友来体验你的交互设计。把他们在互动中遇到的所有问题视作你最宝贵的意见，然后去修改，也许还不完美，但你的作品的用户体验一定得到了大幅度的提高。这就好像你生活在一个城市里，对一切都很熟悉，觉得一切都很正常，但有一天你有个朋友从远方来做客，你带他一起参观这个城市的时候会突然发现，原来有很多东西是你第一次看见的，有很多东西是和你想象不一样的。这个技巧是同样的原理，你会从你的家人或者朋友那里发现很多你的互动设计中不人性的地方，你会突然发现，原来从受众的眼中看世界与你想象的有那么大的不同。但既然他们是受众，那么他们对于好坏的评断比你会更具权威。你会发现原来你那不懂设计的朋友却会帮你重新认识互动。

熟悉若干软件并不代表懂得交互，但如果有了交互的意识（前面所讲到的内容）却可以称得上是了解互动。我们常常因为一个设计师熟悉Dreamweaver或者Flash而称其为专业交互设计师，而实际上却差得很远，思想上没有互动概念就永远做不好互动设计师。

接下来，我们还要谈技术，毕竟互动的意识还是要技术去实现。但实际上技术还是个意识的问题。国内的设计师太少去思考技术，而只是一味地使用。在使用一个技术的时候先思考技术的应用方式才会对我们的工作大有帮助。我们对技术思考少，对技术的理解层面就浅，也自然无法发挥出技术的全部威力。

就拿Flash来说，国外65%的开发人员使用Flash作应用开发，只有35%的人在作动画，而国内估计90%的人都在用Flash作动画。Flash的真正威力在国内大打折扣。虽然国内不少人都懂Action，但却没作过多少应用，所以每次先要去想怎么应用，再去考虑怎么具体做，Action懂多少只是具体做的问题，而你用Flash究竟可以做什么和想做什么却是需要经验和长期考虑的。

其他还有很多互动开发中的问题，例如团队分工合作、流程以及项目管理等等很多，一时也讲不那么清楚。但是需要知道的是这个行业在国外已经非常工业化了，是个分工非常细化的行业。但在中国却是萌芽状态，很多东西都不规范。因此现在多投入一些精力在项目分工及管理上，在将来的行业中会更具有竞争力。

写了这么多，其实无论从 UE 或者 IA 或者技术应用，谈的都是一个意识问题。在中国的互动行业中，学会思考的人会是最有竞争力的人。思考对互动的看法，思考如何应用技术，思考对象，思考需求。先想清楚给谁做，做什么，怎么做，然后再动手。有了这些意识，对互动的理解就会提高一个层次，无论技术怎样发展，互动意识都会成为你最有利的武器，帮助你成为互动的先锋。

互动，意识先行。

作者: 王灏
Hdt* 互动通（原 iTOM & T2）
President & Chief Marketing Officer
互动通总裁及首席市场运营官

Macromedia Marketing & Product Solution Consultant
Macromedia 中国区市场及产品顾问

Email: jerry.wang@hdtworld.com, jerry@macromediachina.com

Flash 杂谈

矢量

矢量是 Flash 的一个重要特征。跟点阵技术比起来，表现力有限，因为它缺少细腻的影调。但是素来就有四两拨千斤的说法，也就是说要善于控制有限的力量。矢量在视觉上有它的特征，这种特征对比点阵来看大概是缺少真实感、概括与抽象，但真实感的缺失并不意味表现力的缺失。从古代文明的彩陶、壁画到今天孩子们稚拙的儿童画，我们都可以看到概括的力量——能打动我们的心灵。所以矢量先天的不足，并不妨碍利用它完成的创作打动人。基于点阵的图形也未必一定有优势，一切取决于对工具的控制、对创作的把握。

交互

用 Flash 做整个网站的开发工具有很多弱点，这是相对大家都感受过的优点来说的。存在的主要问题是信息量的局限和更新的麻烦。从观感和交互体验来说也有些遗憾，这种遗憾就是带宽现状造成的等待，虽然这不是开发人员的过错，但是等待会让交互效果一再衰减，最终让人怀疑这只是繁复炫目的花哨，除非网站的目的就是通过炫目的效果来传达内涵。毕竟交互需要反应，太过迟钝的反应会让人失去交流的兴趣，这样就背离了交互设计的初衷，也背离了信息传达与沟通的目的。带宽好起来这个问题也就不是问题了，但在任何时候我都主张对技术的运用要从实际出发，不为技术而技术，不为交互而交互。如果必要，一个站点采用最基本的 HTML 就很好，同样，出于必要，综合 100 种技术来建站也很好。

个人创作

Flash 的创作在国内如火如荼，但是并没有百花齐放的效果，我们果真如此相似吗？显然，我们不是那么相似，但是我们的创作很相似。这里一定有什么问题——创作出了问题。Flash 的风行有赖于港台的商业化操作，有充足的资金来使创作规模化、商业化。商业化的创作有一些模式，否则没办法商业化。这里必须有一套行之有效的办法，大家应共同遵循它。在这个时候，创作最动人的天性也就不在了。个人创作的价值就在于它的个人化，它来自于作者作为个人独特的一面。与好莱坞对抗的独立制片导演很难过日子，但是他们中的很多人已经成了主流导演，他们并没放弃什么个人价值观，而是好莱坞吸纳新空气的机制太强了。商业创作跟个人创作就是这样的关系：商业创作需要不断加入个性化的因素，但是纯粹个人的创作陷入几种既有模式的泥沼实在是不应该。这是对个人价值的忽视，对千人一面的投降。简单地回顾一下视觉艺术的历史就可以发现，可以学习、借鉴的东西太多太多了，所以只有那么几种样式的 Flash 创作就说不过去。

淘汰的阴云

Flash 现今已经成了广为人知的时髦玩意。说到其中的原因，很多外行人归其为大众化、平民化，这也是一种站得住脚的重要原因，但是根本原因还是 Flash 技术在现有带宽下的不可替代。那么带宽无比宽阔的时候呢？显然主流不会还是它。从技术更新的角度来看这个问题是悲观的，Flash 不过是一种过渡技术，在技术更新太快的今天，置身技术前沿的人总担心落伍，眼前有淘汰的阴云。但是我从不忧虑 Flash 的淘汰问题，我关心的是创作，Flash 作为一种艺术形式的创作，技术的推进无助于心。我从绘画开始了解艺术创作，这是古老的艺术形式，现代艺术家曾呐喊"绘画已经死亡"，但是绘画经受住了考验，倒是很多现代艺术先死掉了。一种艺术形式的存在靠的是艺术家注入的情感和感召力，只有创造力的枯竭才是深深的死亡。宽带来临的时候，视频无疑会成为主流，但是我们今天已经看到太多的电视节目，希望宽带不会仅限于此。宽带的进步大概是可以点播，简单地理解它就像是今天我们用遥控器换台，不幸的是今天我们几乎停不住地换，所以创作是最重要的，不拘泥于哪种形式和技术手段。新技术大概可以粉碎既有的技术，但创作是一种积累，是从历程走过来的，我常用"神鞭"的故事来打这个比方，清末的"神鞭"练就了用辫子打人的神功，革命以后辫子剪了，他的敌人觉得是报复的好时机了，但是"神鞭"已经成了百发百中的神枪手。以这个故事做比方也许不准确，我的意思就是创作不排斥新技术和新工具，相反，它们成为创作延伸的新空间。

老蒋
jjq@yeah.net

商业阴影下的艺术学堂
——西方大学的新媒体专业

新媒体（New Media）专业，在20世纪末悄然登上欧美国家名牌大学的舞台，并在短短的一两年间风靡校园。一些20岁上下的年轻人凭借他们的设计意识，同传统的平面设计师抗衡。一时间，互联网设计、媒体项目开发成了老设计师和年轻孩子们共同抗争的舞台。

也许可以不确切地说是"路遥知马力"，年轻人的冲力和对艺术本身的追求，往往局限于个人风格本身的怪圈。他们的设计极大地丰富了新媒体行业的内容，但行业的形成最终还是依靠有经验的设计师和年轻人共同努力、协作才可能真正走向成熟。当互联网、新媒体已逐渐形成行业后，创意、经验和项目管理等全面的要求已让充满梦想的年轻人不得不重新寻找自己的定位。

以英联合王国中的小国新西兰为例，全国大大小小的新媒体设计公司近百家。全国共有六所大学开设媒体专业。1997—1998年新媒体行业从业人员的年龄平均为22岁，1999—2000年新媒体行业从业人员的平均年龄为33岁，Webmedia and Terabyte两家最成功的公司，设计师平均年龄接近38岁（注1）。同样，在大学里攻读新媒体专业的人，平均年龄也愈来愈高，学校也同样更愿意录取那些有设计经验的在职设计师。

新西兰Sachi&Sadri（盛世长城公司）著名摄影家、平面设计师艾伦·德克（Alan Dock）今年已42岁了，他在新西兰连续6年获得商业摄影比赛的金杯，可熟悉他的人都知道他过去的两年一直在新西兰媒体设计学院，苦读新媒体专业。在一次谈天中艾伦说："年轻的孩子们都是艺术天才，喜欢追求个性，但如果他们不懂得与他人合作，最终只能做一个个人网站和个性化项目，为了生存，设计也只能是他们的业余爱好。我们这些四十几岁的人只是不会几种电脑软件，但电脑使用起来并不难，当我们这些人重回学校，毕业以后，新媒体行业会以前有很大的变化，花哨的页面会越来越少，网站将更追求功能，行业是为商业服务的，假如想要加入其中，就需要你为商业而牺牲很多。同样，大学开设这样一个崭新的专业，当然希望年轻人带来活跃的气氛，但他们更需要有经验的学生为他们建立专业的结构，他们更需要自豪地在招生广告中大声说：每一位毕业的学生都找到了工作！"

基于走向成熟的新媒体行业，一流的设计创意、全面的多媒体软件知识系统的流程开发能力成为新媒体专业学生的从业尺标。

新西兰的媒体设计学院是美国立兹家庭基金会创办的私立设计大学，每年招收学生300多人，新媒体是其中的一个专业，这个专业有一半左右的学生是本国在职的著名平面设计师。新媒体专业要求学生能够全面掌握商业和企业网站的设计和制作，多媒体光盘的开发，影视和广播节目的编辑和制作，Flash动画和Shock Wave动画的开发与制作，项目投标书的编写，大型项目开发的流程控制和管理等。
它的课程设置十分重视培养学生的思考能力和团队合作精神，课程主要包括创意、软件应用、项目流程管理等部分。

创意是灵魂

设计，其基础在于创意。创意的精当完整使一件作品有了它的灵魂。

在西方，创意课程占据新媒体专业总课时的2/3左右。
从学生入学的第一天起，大脑就不得不围绕老师的一个又一个题目不断地转动。同时，学生还必须能够完成3人以上的集体合作，老师也会在课程上教授如何完成创意的细节部分。说到这些，我不得不介绍新媒体学生人手一册的创意日记簿。
记得在新媒体课堂上的第一件事就是老师要求每一位学生买一个速写本。

我的任课老师舍利（Shelley）在第一堂课上的第一句话是这样说的："今天中午休息的时间，请大家每人买一本16开全新的速写本，在前三页写下你最喜欢的几句话，或画出你最喜欢的国家，然后列举出你认为这本速写本可以实现的所有功用。"
所有的创意课内容也就围绕着这个速写本开始了。客观而言，这本速写簿是多功能日记簿，在这个本里有为企业设计的Logo，有企业CI的原始雏形，有人物速写，有工作日记，有网站首页设计原画，有开发小组成员的时间表，有个人喜爱的网址的记录，有剪报粘贴，有设计心得，还有老师评语。

两年下来，每位学生都积累了十几本这样的日记。回首过去，在这十几个大本里清楚地留下一个设计师真正走向成熟的足迹。

记得在创意课堂上看过一个短片，记录了一家著名的设计公司要澳大利亚电信公司（Telstra）重新设计企业CI的过程。

七个设计师经过三个多月的努力，在纸上画出了3000多个校稿，最终才选定了现在的Logo。这件事发生在1997年，设计师不是没有电脑可以用，但他们更重视笔和纸所创造出来的无限空间。当然，创意并非只有在纸上才能完成，创意的思想真正的来源是生活中的遐想。

在学校的生活里，几乎每周都有新的创意题目要求学生们去完成，比如设计一个平面广告，为某个产品设计外观，再把它们制成多媒体光盘，广播中应该怎样表现，影视动画中又是如何切换镜头，而达成这一切的创意往往全在茶余饭后的谈天中。

老师非常重视学生们能在一起谈天交流，课间休息时，师生们常常三五成群地来到咖啡厅，为一个创意稿争论不休。而在苦思冥想不得其要点时，往往身边走过的一个行人的表情或动作却恰如其分地激发了一个创意的精华。

老师鼓励学生在纸笔间、在争论间搭筑自己的思想，完成合理的创意，但怎样实现这苦思冥想而得来的创意呢？这就要依靠电脑，依靠熟练的电脑和软件操作技巧。

软件如手足

新西兰最大的报业集团的平面设计师希尔说：两年前看到Flash，我以为自己该被时代淘汰了，但回学校读两年书就发现，我们这些在设计行业做过多年的人一但掌握了新的软件技巧，居然会后来居上。

我把希尔的话放在这一部分的最前面，就是想特别提醒那些只重视技术，而忽略了其他的年轻设计师，应当在学习设计开始时就培养自己在行业中的综合工作能力，当然前提是你想从事设计这项工作。

新媒体专业要学习的软件很多，但大都是以 Adobe 和 Macromedia 两大设计软件公司的产品为主，再加上 3D 和其他一些辅助软件。
学生必须精通的软件和语言包括：Photoshop、Freehand（或 Illustrator）、Director、Flash、Premiere、Sound Editor、Dreamweaver、Fireworks、HTML 语言、CSS 语言、Lingo 语言。同时需要了解 Acrobat 的 PDF 文档制作，MediaClear 视频和声频压缩，Javescript 脚本语言编程，3D Max 或 Strata Studio Pro 的基本应用。在学习各种软件过程中，对软件原理的理解、热键的使用、特殊问题的解决，都体现出一个设计师的工作效率。

每一个软件都有其特性，要真正掌握一个软件的所有要点和精髓，还是要花很大精力的。

当然，只要下功夫，单一的软件使用并不难学，但是如何在一个项目中合理地使用和分配不同软件的应用比例，则是一个十分讲究的问题。软件应用的合理可缩短项目工期，并能丰富创意的表现形式；反之，则会令项目无法继续开发下去，最终失败。

以上所述的情况，在开发复杂的多媒体演示光盘中经常出现。
制作一个难度较大的多媒体演示光盘，将包括音频、视频、动画片头、互动演示以及程序设计等。这一切必须基于最终客户的应用的环境开发。
2000 年 10 月，新西兰一家设计公司为新西兰国家博物馆制作一套集影视、音乐、游戏、演示为一体的多媒体光盘。客户要求在苹果机和 PC 机上都能够使用，并能保证该光盘在 32 兆内存的电脑上运行。
针对这样的项目，该公司让负责编写程序的人员担任项目经理，结果令一个可以由一个四人小组在三周完成的项目 12 周才真正完成，其原因就在于项目经理对各种软件的特殊情况以及 PC 机和苹果机的不同不甚了解，结果造成项目在中途停工重来。
后来，经过分析，其主要问题出在以下几点：
1. 该程序员习惯使用 PC 机编写 Lingo 等语言，因此他建议用 PC 机上的 Director 7 设计整合文档，但当时苹果机上的 Director 7 软件根本无法打开 PC 机上编好的 Director 7 文件，因此也就无法制作 PC 机和苹果机上都可以使用的通用形式。
2. 当时该公司只有 Director 7 版本的软件，而项目经理分配使用 Flash 5.0 的制作人员制作了部分 Flash 片头和动画，但这些文件最终无法顺利地在 Director 7 中实现，后经过软件升级、重新编写设计脚本等多道手续，才得以让项目继续。
3. 由于项目经理没有图像处理经验，又一味追求图像品质，导致设计人员在使用 Photoshop 处理图像时，档案过大，致使整个光盘无法在 32 兆内存的电脑上顺畅使用和播放。
4. 在视频和音频档案制作管理上也出现档案大小的问题，最后也要求返工。
通过这样的实例可以看出，学习软件本质的功能，针对不同的项目合理地利用，并了解苹果机和 PC 机设计软件及最终结果的特性，将是学习的要点。
一些有多年工作经验的设计师具有丰富的团队合作经验，他们在学校里学习更容易体会到这些要点，在毕业以后回到自己的工作中去，他们对大型项目理解和控制能力将是那些只能依靠设计炫目网站的设计师无法比拟的。

流程是核心

设计工作是要依靠科学的理论呢，还是让学生在不太严格的监控下自由发挥呢？我们舍弃了两个极端，但我们必须让学生学会工作，让学生知道项目的开发——流程是核心，艺术项目也不例外。（舍利·辛普森）
学习新媒体专业是为了什么？为了设计一个炫目的个人主页，还是毕业后找到一份理想的工作。99％ 的答案是后者。既然如此，我们就必须讨论到商业，讨论到为客户服务，讨论到产品的设计与开发。
在新西兰的媒体设计学校，学生不断地被灌输这一理念，直到他们形成习惯。
接到一个全新的项目，从设计师到项目经理应如何把握客户的要求呢？
下面四个特殊方面常用于评估多媒体设计的基本要求。

　　设计质量，是否是客户最终需要的。

　　开发成本，决定了能否为开发设计者带来利润。

　　开发时间，决定了公司的竞争力。

　　开发能力，决定了公司的发展空间。

在这样的四度空间上有良好的表现，才能导致经济上的成功，才能让设计师能够确定自己在社会中的地位。
一个项目的开发流程就是一系列步骤，它表示企业或设计事务所想象、设计和使一种产品商业化的精密过程。这个过程大都具有创意性和组织性，遵循清晰而细致的开发流程，而且，不同的开发项目也可能采用不同的流程。其原因可以概括为：质量保证、协调性、计划性、管理有序、不断提高。
在学校里，学生所做的每一项课堂作业或设计制作，都必须遵照老师所要求的项目开发流程。项目开发流程的一种思路是：项目目标、可用技术能力、开发平台及开发系统。总结得更细致一点，基本可以分为六个阶段。
1. 制定计划。确定开发过程的商业策略，研究项目的未来派生能力，安排不同子项目之间如何联系而成为一个整体组合；明确项目的时间安排和顺序，并做成文档。
2. 概念开发。概念是识别客户的需要，概念是项目的功能和特性的描述，通常附有一套项目蓝图、专业名词、竞争对手分析和项目的经济分析等。在这一阶段，往往要利用大量客户会议建立明确的项目目标规划说明，同时制作 Demo（模本图像文件），供客户参与商议。直到客户认同项目概念后，确定最终的特征，才可进入下一开发计划阶段。
3. 系统设计。系统设计阶段包括项目的结构定义、文档的命名管理、画出详细的网站地图式的结构、针对每一项元素命名、建立整体的文档结构。由于系统设计的深远影响，这方面的设计工作必须考虑到后续设计开发工作的延展性。
4. 细节设计。细节设计阶段包括项目的所有文档和图片大小的确定，格式命名，各部分开发小组和开发人员的指定，以及最终由哪位设计师将各部分整合在一起最终形成产品等。
5. 测试和改进。在一个项目的开发过程中，测试和改进的意义在于学习、交流、集成和建立里程碑。尤其是在项目开发的后期。和客户一起共同测试，可以降低项目失败的风险，总结出问题出现的频率，通过研究，加以改进，不断地积累，还可以使企业或设计事务所在行业内更加成熟。
6. 项目推出。在项目结束以后，往往还和客户签有试用期的备忘录，目的是降低客户风险，同时培训设计师解决项目开发过程中的遗留问题。
走进校园，或许每个人的头脑中都带着追求纯艺术的美好光环；走出校门，每个人却不得不为在商业领域的角逐中拼搏身心。
在这里，我不想强求每一位中国的设计师要走一条西方商业设计专业的求学之路，毕竟纯艺术本身更具有无限的魅力和生命。但不要忘记：我们还是要生活……

注1:文中的有关统计数字来源于 http://www.netguide.co.nz。

作者：泰祥洲
原HDT（互动通网络技术有限公司）创意总监
联系方式：tai@maya.co.nz

日本的网络经济与 Web 设计

说实话，前几年中国的IT行业真是炒得太热了，各路风险投资如洪水般涌入，把这个新兴行业炒作得宛如一篇美丽而飘渺的神话，令人们憧憬向往。中国的网页设计师们也真是掉到了蜜罐里。网络公司有大把钞票可烧，公司再不挣钱设计师的腰包也总是满满的，而且比传统行业的设计人员的薪水高出几倍，惹得各路大侠不顾一切地投身于网络圣地，使得中国的网络业以及网络设计行业沸沸扬扬，好不热闹。即便到现在，中国网络经济泡沫在我看来还是余温未减，这种过热的炒作、迅猛的发展也给中国的网络经济奠定了一个庞大的基础，现在有机会冷静冷静，降降温，也未尝不是一件好事。

与中国相反，日本的网络经济没有这种过热行为，相比之下显得异常的冷清。虽然它的起步比较早，从1993年左右就有一些网络公司出现，在社会上就已经造成了一些话题，渐渐地也涌现出一批成功的网络企业，但他们的成功都是以赢利为标准的，而不是抢地盘、造名声的那种商业炒作，所以可以说他们的起步都是比较艰难的。只有那些营造出现实可行的网络商业模式的企业或个人，才有成功的希望。在日本，有很多成功的网络企业，最初都是个人行为，没有什么大的投资，一两台电脑起家。他们先把自己的创意在网络中实现，如果产生了很好的效果，它的名气就会越来越大，看到了希望后他们便会逐渐地加大投资，增加规模。像电子书屋 Magmag（www.mag2.com）、网络购物中心乐天市场（www.rakuten.co.jp）就是这样发展起来的一批成功的网络企业。另外在日本，一谈起网络，人们的第一个印象就是网络商店，可以在网上买点什么之类的。成功的网络商店也有不少，像家具的青木（www.kyoto-aoki.co.jp）、佐野屋酒店（www.jrzake.com）、服装店 Easy（www.easy.ne.jp）、西洋陶瓷器 Le Noble（www.le-noble.com）、鱼具与野营用具的 Naturum（www.naturum.co.jp）等。他们大多以前就有自己的店铺，开始在网上进行探索时，投资也都不大；他们非常懂得商品营销策略与商品流通模式，所以做起来也比较得心应手。至今为止，他们也都没有什么泡沫的迹象，并且营业额都处于增长状态。整个行业因为没有出现像中国的网络经济那样排山倒海的势头，所以处于稳步发展状态。

日本的Web设计行业也是如此，没有太大的起伏变动，循序渐进是它的一个特征。大多数的专业 Web 设计公司都是由传统的平面设计公司转型而来，到现在，许多大中型设计公司也都建立了自己的 Web 设计部门，另外也有一些新起的专业 Web 设计公司与独立的网页设计师，像 BA（www.b-architects.com）、Kinotrope（www.kinotrope.co.jp）、Img Src（www.imgsrc.co.jp）、Nagafuji.com（ns.thirdstage.co.jp）、Image Dive Studio（www.imagedive.com）、Yugop（yugop.com）、Viewon（viewon.net）等等。这些企业与这些优秀的设计师可以说是日本 Web 设计行业的主力军。也许是由于发展平稳的原因，网页设计师与平面设计师无论是从收入上、行业特征上、社会形象上都没有根本的差异，大多数的设计师既懂得网络也懂得平面，当然也有一些非常优秀的专门从事网络与多媒体领域的设计师。日本人是一个喜欢群体行为的民族，新兴的网页设计行业也是如此。在1997年底，成立了日本 Web 设计家同盟，它的成立在一定程度上表明了社会对 Web 设计艺术的肯定与重视，同时喻示着日本的 Web 设计界已进入到一个比较成熟的阶段。大批的平面设计家、音乐家、电影导演、画家、文学家等也都积极地参与到与 Web 设计有关的活动中。同盟在成立一周年之际组织出版了《日本 Web 设计年鉴99》，从征集到的众多网站中精选出100个网站作为1999年度的优秀网站编入年鉴之中。到现在，已有很多机构做着类似的促进 Web 行业发展的工作，例如：EC 研究会主办的日本电子商务大奖（www.news-japan.com/ec），到今年已经是第五届，他们还经常组织各种与电子商务有关的研讨会、讲座，这是一个非常活跃的机构。还有日经网络经济主办的 EC 大奖（http://nbs.nikkeibp.co.jp/nbs/ECG2001）已经成功地举办了四届。另外大家都很熟悉的 "Shift"（www.shift.jp.org）、Gasbook（www.shift.jp.org/gas）定期地为人们提供最前沿的多媒体艺术与 Web 艺术信息，为日本的新媒介艺术的繁荣做出了不小的贡献。

与日本相比，中国的网络经济模式与 Web 设计风格有很多不同之处，在商品经济的繁荣与商业设计服务的完善程度上还有一定差距。但我自己认为中国是一个更富有创造力的民族，如果社会大环境能够给我们提供一个更安定、更加平等、自由发展的空间，中国的网络经济与 Web 设计艺术肯定会得到更大的发展与繁荣。

作者：徐珂

xuke@jokadesign.com，TEL:86-10-62384810

北京易恩设计有限公司

中国北京北三环中路双秀公园千山园写字楼 208、209

电话:010-62384810

传真:010-62380978

URL:www.endesign.com

确定网站的整体风格和创意设计

网站的整体风格及其创意设计是站长们最耍羡慕的，也是最难以学习的。难就难在没有一个固定的程式可以参照和模仿。给你一个主题，任何两人都不可能设计出完全一样的网站。当我们说："这个站点很Cool，很有个性"，那么，是什么让你觉得很Cool呢？它到底和一般的网站有什么区别呢？本文试图用最简明的语言来说明：风格是什么，如何树立网站风格；创意是什么，如何产生创意。

风格（Style）是抽象的，是指站点的整体形象给浏览者的综合感受。这个"整体形象"包括站点的CI（标志、色彩、字体、标语）、版面布局、浏览方式、交互性、文字、语气、内容价值、存在意义、站点荣誉等诸多因素。举个例子：我们觉得网易是平易近人的，迪斯尼是生动活泼的，IBM是专业严肃的。这些都是网站给人们留下的不同感受。

风格是独特的，是指站点不同于其他网站的地方。或者色彩，或者技术，或者是交互方式，能让浏览者明确分辨出这是你的网站独有的。例如新世纪网络（www.century.2000c.net）的黑白色，网易壁纸站的特有框架，即使你只看到其中一页，也可以分辨出其是哪个网站的。

风格是有人性的，通过网站的外表、内容、文字、交流可以概括出一个站点的个性、情绪。它是温文尔雅的，是执著热情的，是活泼易变的，是放任不羁的，像诗词中的豪放派和婉约派，你可以用人的性格来比喻站点。

有风格的网站与普通网站的区别在于：从普通网站上你看到的只是堆砌在一起的信息，你只能用理性的感受来描述，比如信息量大小、浏览速度快慢。但你浏览过有风格的网站后你能有更深一层的感性认识，比如站点有品位，和蔼可亲，是老师，是朋友。

看了以上描述，你可能对风格是什么依然模糊。其实风格就是一句话：与众不同！

如何树立网站风格呢？我们可以分这样几个步骤：

第一，确信风格是建立在有价值内容之上的。一个网站有风格而没有内容，就好比绣花枕头一包草，好比一个性格傲慢但却目不识丁的人。你首先必须保证内容的质量和价值性，这是最基本的，无须置疑。

第二，你需要彻底搞清楚自己希望站点给人的印象是什么。可以从这几方面来理清思路：

1. 如果只用一句话来描述你的站点，应该是：（　　　　　）

参考答案：有创意，专业，有（技术）实力，有美感，有冲击力。

2. 想到你的站点，可以联想到的色彩是：（　　　　　）

参考答案：热情的红色，幻想的天蓝色，聪明的金黄色。

3. 想到你的站点，可以联想到的画面是：（　　　　　）

参考答案：一份早报，一辆法拉利跑车，人群拥挤的广场，杂货店。

4. 如果网站是一个人，他拥有的个性是：（　　　　　）

参考答案：思想成熟的中年人，狂野奔放的牛仔，自信憨厚的创业者。

5. 作为站长，你希望给人的印象是：（　　　　　）

参考答案：敬业，认真投入，有深度，负责，纯真，直爽，淑女。

6. 用一种动物来比喻，你的网站最像：（　　　　　）

参考答案：猫（神秘高贵），鹰（目光锐利），兔子（聪明敏感），狮子（自信威严）。

7. 浏览者觉得你的网站和其他网站的不同是：（　　　　　）

参考答案：可以信赖，信息最快，交流方便。

8. 浏览者和你交流合作的感受是：（　　　　　）

参考答案：师生，同事，朋友，长幼。

你可以自己先填写一份答案，然后让其他网友填写。比较后的结果会告诉你：你的网站现在的差距、弱点及需要改进的地方。

第三，在明确自己的网站印象后，开始努力建立和加强这种印象。

经过第二步印象的"量化"后，你需要进一步找出其中最有特色的东西，就是最能体现网站风格的东西，并以它作为网站的特色加以重点强化、宣传。例如：再次审查网站名称、域名、栏目名称是否符合这种个性，是否易记。审查网站标准色彩是否容易联想到这种特色，是否能体现网站的性格等。具体的做法没有定式。我这里提供一些参考：

1. 使你的标志尽可能的出现在每个页面上，或者页眉，或者页脚，或者背景。

2. 突出你的标准色彩。文字的链接色彩、图片的主色彩、背景色、边框色彩等尽量使用与标准色彩一致的色彩。

3. 突出你的标准字体。在关键的标题、菜单、图片里使用统一的标准字体。

4. 想一条朗朗上口的宣传标语。把它做在你的Banner里，或者放在醒目的位置，告诉大家你的网站的特色是……

5. 使用统一的语气和人称。即使是多个人合作维护，也要让读者觉得是同一个人写的。

6. 使用统一的图片处理效果。比如，阴影效果的方向、厚度、模糊度都必须一样。

7. 创造一个你的站点特有的符号或图标。比如在一句链接前的一个点，可以使用 .. 、☆※①◇▽□△→（在区位码里自己参看），等等。虽然很简单的一个变化，却给人以与众不同的感觉。

8. 用自己设计的花边、线条、点。

9. 展示你网站的荣誉和成功作品。

10. 告诉网友关于你的真实的故事和想法。

风格的形成不是一次定位的，你可以在实践中不断强化、调整、修饰，直到有一天，网友们写信告诉你："我喜欢你的站点，因为它很有风格！"

创意（Idea）是网站生存的关键。这一点相信大家都已经认同。然而作为网页设计师，最苦恼的就是没有好的创意来源。

创意到底是什么，如何产生创意呢？

创意是引人入胜、精彩万分、出奇不意的；创意是捕捉出来的点子，是创作出来的奇招……这些讲法都说出了创意的一些特点，实质上，创意是传达信息的一种特别方式。比如Webdesigner（网页设计师），我们将其中的E字母大写一下：wEbdEsignEr，感觉怎么样，这其实就是一种创意！

创意并不是天才者的灵感，而是思考的结果。根据美国广告学教授詹姆斯的研究，创意思考的过程分五阶段：

1. 准备期——研究所搜集的资料，根据旧经验，启发新创意。

2. 孵化期——将资料咀嚼消化，使意识自由发展，任意结合。

3. 启示期——意识发展并结合，产生创意。

4. 验证期——将产生的创意讨论修正。

5. 形成期——设计制作网页，将创意具体化。

创意是将现有的要素重新组合。比如，网络与电话结合，产生IP电话。从这一点上出发，任何人，包括你和我，都可以创造出不同凡响的创意。而且，资料越丰富，越容易产生创意。就好比万花筒，筒内的玻璃片越多，所呈现的图案越多。你如果有心可以发现，网络上的最多的创意来自与现实生活的结合（或者虚拟现实），例如在线书店、电子社区、在线拍卖。你是否想到了一种更好的创意呢？

创意思考的途径最常用的是联想，樊志育在《广告制作》一文中曾提供了网站创意的25种联想线索：

1. 把它颠倒。
2. 把它缩小。
3. 把颜色换一下。
4. 使它更长。
5. 使它闪动。
6. 把它放进音乐里。
7. 结合文字音乐图画。
8. 使它成为年轻的。
9. 使它重复。
10. 使它变成立体。
11. 参加竞赛。
12. 参加打赌。
13. 变更一部分。
14. 分裂它。
15. 使它罗曼蒂克。
16. 使它速度加快。
17. 增加香味。
18. 使它看起来流行。
19. 使它对称。
20. 将它向儿童诉求。
21. 价格更低。
22. 给它起个绰号。
23. 把它打包。
24. 免费提供。
25. 以上各项延伸组合。

需要一提的是：创意的目的是更好地宣传推广网站。如果创意很好，却对网站发展毫无意义，好比给奶牛穿高跟鞋，那么，我们宁可放弃这个创意！

关于风格和创意，可以讲的还有许多。感兴趣的网友可以自己找一些广告设计方面的书阅读。希望本文能帮助您对网站的设计有一个更新的认识和提高。谢谢！

作者：阿捷　北京朗川软件有限公司设计总监
Email:ajie@netease.com, oicq: 519922

应变、折衷、超越
——商业网站实战

简短的引言

在一本网站专业级设计的文书中，挑一位并非艺术科班毕业的人士发表设计"偏见"，可以理解为主编的一种大胆独断和偏执，想换一个角度看世界，寻找他山之石，但这本身也是艺术的一种途径，也许，可以理解为网络时代的惆怅，因为 Internet 天生就是一个抽象思维和形象思维、天马行空和精确执行的矛盾结合体，它使从事艺术和技术的两类人必须坐到一个办公室里，用不同的思路同时应对、解决同一个问题。

本人毕业于计算机专业，从事数字行业将近 15 年，1995 年触网，也许算是 IT "资深" 人士。创立一家网站专业服务公司（塞柏创就 CyberCreations,China）已有 4 年，始终专注从事高层次国际互联网站的创意、设计和实施，追求技术与艺术的完美结合之道。

本文没用很长篇幅谈艺术设计理论（毕竟我们不是艺术专业人士），因为对于商业网站而言，更多的应该是规范、效用和标准。在中国这样的国情下，我们注重领悟客观存在，实践出真知，希望能给您带来一点启发。

中国商业网站的时代变迁

商业网站首先不是一般意义上的设计者自有网站，作为制作者你不能自己怎么想就怎么做，因为商业网站真正的业主有特定的商业目标，这点不言而喻。同时，商业网站的追求取向基本上也不会是纯艺术的，因为其追求的首先还是服务于客户商业利益的最大化。但是，一个优秀的商业网站一定不会没有设计和艺术追求；换句话讲，这个队伍中不仅需要精明的商务人士、优秀的技术专家，还离不开高明的数字设计师。

中国的商业网站大约经历了三个历史阶段。

首先是 1997~1999 年间的形象宣传型，有前卫意识的企业纷纷申请了域名并跑马圈地，规划了自己的首期空中虚拟房地产红线图，通过基本单向型 HTML 手段，发布企业背景、资讯和静态业务介绍，同时通过 CGI/Javascript 留言本和 Email 等方式简单获取访问者反馈信息。在这个阶段的网站中你会看到以各种单调的计数器来统计或展示来访人数。

其次是 1999~2000 年间的门户服务型，伴随互联网风险资本和全球网站泡沫经济风暴，越来越多的企业纷纷上网，企业普遍在常规网站自有静态信息发布的基础上添加了很多与自身业务并无太大关系但却很时髦的"免费服务"和"友情链接"等链条，如摘抄的新闻、网络资源导航、搜索引擎链接等，这个时期的许多企业网站开始注重设计风格创意和信息内容更新的动态时效性。

第三阶段是 2000~2001 年间的模仿派电子商务到务实型电子商务，标志性的是一些网上银行、股票证券网站真实业务的开通和行业性或企业性 B2B、B2C 型网站的起步。这个阶段也正是许多"以鼠标带水泥"网站的衰落和"以水泥带鼠标"网站的崛起时期。

在这个三个历史时期间，中国在册的互联网人口从 62 万（1997 年 10 月 31 日 CNNIC 公布的统计数字）发展到了 2250 万（2001 年 1 月统计数字），增长率超过 3500%。这是一个激动人心的行业青春期，有血汗有眼泪有欢笑，有躁动有挫败，但逐步走向成熟、稳定的而立之年。因为互联网时代不再是三十年河东，而是三年河西了。

我们认为，商业网站的下个阶段将是向真正的商务互动型和个性化人文关怀型的方向发展，除了信息推送外，将更多地注重网站的实效服务，包括电子商务的实践。商业网站将更加强调这种媒介所固有的互动性，逐步扬弃其天生的虚拟特征，表现出人性化、定向性及对访问者的贴身和有目的性的关怀，并结合商业传统固有的模式和手段，更加注重网站与企业自身业务联系的直接性、易用性和商业潜力扩张效果。同时，商业网站的所有者对 WI 艺术性的认识和要求也必将逐步提升，对专业化、高品质的设计需求会越来越大。

商业网站设计定位与需求

我们像是传统建筑行业中的建筑师设计所、建筑施工和监理公司以及物业管理公司的结合体，为网站的投资者和所有者创意、规划整个互联网战略，同时承担全部技术和艺术实施，并且负责网站的艺术品质维新、服务管理和安全防范。

商业网站要求的是一种高层次、全方位的国际互联网服务的新理念。设计者必须遵循量体裁衣、度身订造型的贴身服务模式，根据客户的发展战略和信息资源来制定网站的整体定位和技术、艺术策划，同时制定可持续发展的商业互联网战略规划。这点对于中国国情下的商业网站更为重要：商业网站的服务模式基本包含网站专业艺术创意，服务器和互联网通讯线路支持，网站特定技术系统开发维护，艺术风格的动态变幻，信息内容的适时更新，网站专业推广宣介，定向访问统计分析跟踪以及网站全天候安全防范保障等。

广泛和真实的实践告诉我们，商业互联网设计行业富于挑战，同时需要真正的强者，不论是艺术家还是工程师，而且他们需要团队协同作战。

商业网站建设理念

作为中国专业性、高层次国际互联网站设计者，塞柏创就 CyberCreations 对商业网站的观点是将一个网站的技术性和艺术性摆在同等的高度来实施整个网站的建设部署。CyberCreations 探讨的不是提供孤立的技术或艺术，它追求的是完善的结合解决之道。

如同一对连体婴儿共享一个心脏，我们研讨商业网站建设一直是技术和艺术无法离分的。但是，本文中我们不就商业网站的技术性方面展开论述，而将重点放在探讨艺术设计在商业网站建设中的特殊性。

投资一个商业网站的企业，首先是追求商业利益的回报，不是纯艺术感的标榜或展现，有过实践的人都知道，这点对于设计者来说是个始终存在的"痛"。商业网站的首要指标是内容、速度和互动性，其次才是表现手段和风格定位，尽管如此，网络始终是个媒体，我们无法抛弃艺术和风格。这就是一个折衷和超越的问题。

一个企业往往有自己的 CI/VI 设计，而互联网时代更重要的是其 WI（网络数字形象体系）的设计和实施，设计者在致力于为企业网站提供最适当的网络技术支持服务的同时，还要强调网络艺术的不可忽视的存在、价值和作用。商业网站的艺术定位有许多的约束，包括但不限于企业固有的 CI/VI、企业主管人士的艺术观和品位、艺术设计方面的投资力度和网站实施时间进度表——导致你已经做的可能不是企业想要的——设计者的观念或品位或实现手段与客户不一致，有时可能客户自己也无法认定他们要的是什么。

所以不得不折衷，但是折衷不是应付，而是应变——拿出一个更合理、更合适的设计。达尔文在《进化论》中说过，经过岁月沧桑而流传下来的物种，可能不是最强壮的，但却一定是适应变化的。物竞天择，适者生存，这对互联网艺术设计行业同样适用。

作为网站的艺术设计者，首先必须对客户商业网站的全面定位和内涵有准确和充分的认知，同时了解企业的市场和客户受众的定位，然后又有充分的时间展开设计发挥，最终获得客户的认可。一个企业网站最理想的设计结果当然要使网站所有者满意、使网站访问者满意、使网站设计者满意。然而这个目标并不容易达到，因为艺术没有标准。任何一幅艺术作品，你都可以说出它 6 个对的地方和 6 个不对的地方——网站也一样。

对于商务网站，一个好的艺术设计者应该具有下列素质特征：

1.对艺术的追求和对互联网的激情。

2.良好的艺术修养和源源不断的创意、设计、实施能力。

3.对数字媒体特性的非常感悟力和融合力。

4.对商业的准确、全面的理解能力。

5.与商业对象进行充分的沟通、交流的表达能力。

6.勇气、恒心、执著精神和应变力。

同时，一个好的网站艺术设计作品应该是：

1.与网站定位内容和受众群完美的亲和力和无障碍接合。

2.与网站技术资源和条件（平台、系统、速度、工具、途径）的紧密配合度和适用性。

3.独特和富有创造性的个性设计闪光点。

4.用心、精美、无瑕疵、统一完善的实现结果。

5.设计理念跟得上时代潮流，同时又有持久的生命力。

互联网设计行业是一个全新的专业化领域，它基于IT领域分工专业化和合作国际化的特点，将Internet覆盖全球、海量存储、实时动态、数字化互动、多媒体更融和无时空制约等诸多优势发挥极至，将完美艺术创造与技术创新融合，以最短的时间和最大的空间传播影响力。我们相信，艺术在这个行业中的生存空间必将越来越大。在这个行业中，开始做一些事可能像是超前了，但是不做这些事就一定是落后了。

虽然世事并不完美，作为中国互联网站的专业设计者，我们还是始终追求结合的完美。因为要投身这个行业，我们就要讲究超越。超越存在，决胜将来。

作者: 杨培新, 北京塞柏广告有限公司和北京塞柏创就科技有限公司董事长兼执行总监, 中国软件行业协会理事。

Email: perry.young@www.China.net.

信息化时代对艺术设计的思考

在我们发展的历程中，技术和物质材料一直起着极为重要的作用。纸张和文字符号完成着文化的积累和传承，而这种方式已延续了千百年。
从80年代起，现代设计概念的引入使我们不得不对原有的实用美术的价值作出新的认识和体验，从美工的技巧和实用审美开始向艺术造型＋观念思维＋手工技能转型。中国的设计进行了热烈的讨论和重新的装饰。但自90年代以来，个人计算机的广泛应用从多个层面将业已形成的装饰梦境打得粉碎。设计对手工技能的要求开始减弱，手的功能在退化，艺术的情趣性发生了转移，一个新的并不可忽视和替代的名词出现了，那就是技术，更确切一点说应该是计算机技术。原本被认为只是工程技术人员过问的话题突然跳到了艺术设计人员的面前，设计界的前辈们大都被这突如其来的新鲜事物冲击得七零八落，他们已没有精力在这新的设计战场上挥笔驰骋了！他们的艺术设计生命如同足球场上的金球制胜法一样，立刻死亡了。而他们的退出也带走他们多年积累下来的对民族文化的理解，设计的本土化精神出现了断层。与此同时，技术的掌握几乎成了设计的代名词，新的设计人拼命地琢磨着新技术（软件）的构造，设计成了Photoshop 4.0到Photoshop 6.0的渐变，我们设计的民族思想开始被Adobe、IBM、Macromedia等异化！与此同时，我们也开始引进西方的设计大师，对他们已经过去的光荣顶礼膜拜，中国水墨写洋文升华为时尚，汉字的应用好像成了老土和难题的化身，西方的设计思想和设计模式成为我们的指导，拿来主义比上个世纪初体现得更加充分，就像阿甘的追随者，忘情之至。

新的传媒将给设计带来什么？

设计是运用媒介通过技巧构成的某种观念的表达。今天设计的概念正在发生着变化，技术含义的比重在加大，设计的功能和目的愈加统一，设计的价值性体现得更加明确、直接。网络，这个新的传播媒介正进入到我们的生活各个方面。网络的信息传载和传统的一些传媒手段（如：书籍、报纸、广播、电影）有着很大的不同，也使设计的思维、设计的形式、设计的表现、设计的沟通等许多方面出现了新的变化，也引发了对设计的新思考。随着网络技术及网络本身的不断发展，一些新的设计领域在产生，网页设计、网络动画、网站整体形象构建、网络出版设计、网络广告、网络企业形象策划设计等等都将成为现代设计的新的发展方向。中国的设计人大都受过严格的绘画训练，我们所认同的设计人也是以绘画性定位的。但在信息化飞速发展的今天，设计的外延在扩大，许多并未有我们所认同的造型基础的设计人频繁地活跃在以网络为媒体的新兴设计领域中，他们所掌握的计算机（软件）技术被市场认可，这一现象让我们不得不对我们过去所理解的设计的概念和设计的基础作出新的思考。设计是艺术还是技术？还是艺术＋技术？如何让我们的设计人做出自己的努力而不是像我们的设计前辈一样被计算机技术的发展所击垮，这些都需要我们进行很好的探讨。另一方面，由于互联网在全世界的广泛应用和全球经济的一体化的发展，我们所生活的环境在不断地受到外来文化的冲击和融合。对于设计本身也应以积极的态度去迅速地适应这种文化的融合，我们的民族性并不仅仅是表现在彩陶、青铜器或书法上。民族新的审美在发展，我们对民族性也要从多个角度去理解和表现，要使我们的民族性更加世界化，麦当劳不能使我们的中华美食消亡，反之，中国风味的餐馆却开满了世界各地。中国文化源远流长，灿烂多彩，但对近20年的设计文化进行整理却是一个非常迫切的工作。
在未来的几年中，以网络为代表的新媒体设计将猛浪突起，设计的分工也会趋于更加细致。设计创意的很多方面将融进计算机思维，传统的手工技能表现可能要成为设计风格形成的更加重要的因素。在对西方高新技术应用的同时我们也必须思考具有中国风格的体现，决不能只是成为软件的附庸。我们企盼着信息化时代的中国设计能真正造就出中国风格，造就出一批有中国风格的设计人，中国的网络新媒体设计的道路将会是艰苦而又广阔的。

作者：张彬，设计人，北京印刷学院设计艺术系副主任
地址：北京大兴兴华北路 25 号
电话：69243981-570, 61265545
邮编：102600
Email:hhht.1234@263.net

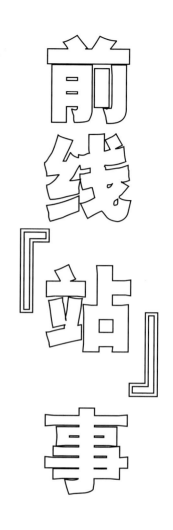

注：由于网络变化速度奇快，到本书出版时，书中所介绍的网址很有可能发生变化，希望得到读者的谅解。

设计师

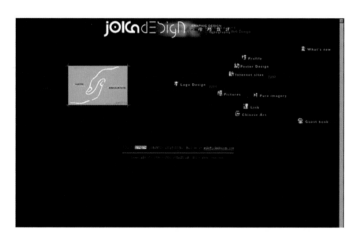

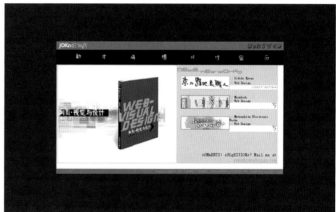

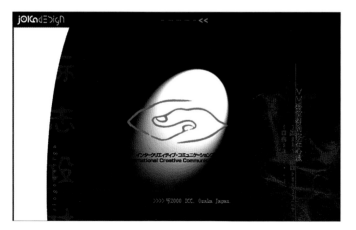

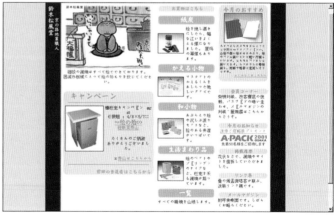

Http://www.jokadesign.com

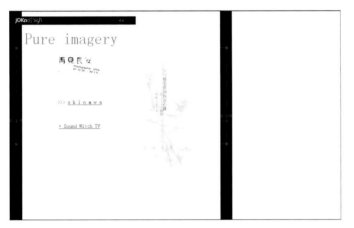

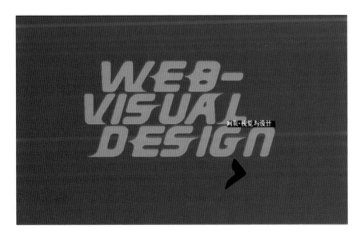

网址：http://www.jokadesign.com
设计师姓名：徐珂

网名：jOKadESigN
性别：男
职业：平面设计、新媒体设计
城市：中国北京

网站介绍：在中国最早从事网站设计的这批人中，徐珂仍可以算是一位先行者。到我们这本书出版的时候，他已经在一衣带水的扶桑之国做了10年设计师了。他先后在AMS株式会社（京都）、K&T有限会社（大阪）任设计师与设计总监，如今已经成立了自己的设计公司。网站设计是其中的一部分。 他的广告设计作品曾获日本图案设计博物馆馆长奖。网页设计作品曾获第三届朝日电子广告银奖以及第三届日本电子商务最优秀商务网站奖。作品先后被收入《网页设计100》、《日本网页设计年鉴1999》、《日本平面设计年鉴2000》、《华人CI设计百杰作品集》等。著书《网页·视觉与设计》。

溯根求源，还是徐珂让我有了出版这本书的灵感。笔者在此对他深致谢意。

联系方式：xuke@jokadesign.com，北京易恩设计有限公司，中国北京北三环中路双秀公园千山园写字楼208 209
电话:010-62384810
传真:010-62380998

请问你是什么时候接触网络的？以前你学的专业是什么呢？

1995 年开始接触网络。以前学油画与平面设计。

你觉得你是一个什么样儿的人呢？

可列"八大罪状"：不是一个善于言谈的人，只好用作品表现一些想法，却又总是表现不好；不是一个安分守己的人，总想打破常规做一些冒险的事情，经常碰壁；不是一个深谋远虑的人，做事总是跟着感觉走，可感觉却常常不准；不是一个亲切善良的人，虽然经过很多努力，却老是被带上"冷冰冰"的帽子；是一个不够开朗的人，心中好像有一层云雾，看上去总是若有所思，其实什么也没想；是一个喜欢玩乐的人，想尽办法寻找乐趣，寻找玩法，自称其为"生存动力"；是一个嗜酒如命之徒，不拒绝各种酒，白酒除外，最喜欢的是智利红葡萄酒；是一个不够现实的人，总是想入非非，给安逸的生活找乱，嫁给他的女人是倒霉了。

你现在的生活状态是怎么样的？

飘忽不定，北京——西安——京都——高松。

你不做网站的时候喜欢做什么？为什么喜欢做？

玩，玩棒球、玩足球等体育运动，放松大脑。喝，葡萄酒爱好者，以酒交友。说白了就是想尽办法"吃喝玩乐"，美其名曰"生活与创作的动力源"。

能谈谈你最喜欢的音乐或是你最欣赏的艺术家吗？

JAZZ。在嘈杂混乱的都市街头，匆匆忙忙的人群中，汽车的轰鸣下，电铁急驰而过的背景音中，街头三人乐队激昂的爵士鼓，悲怆的小号，浑厚的大提琴让我至今难忘。

能说说在生活中对你的设计影响很大的人吗？他给予你最重要的东西是什么？

要说人的话，也许是 David Carson。

他使我懂得了"游戏"的真谛，如何将"游戏"发展为创造性活动，以及从"游戏"中产生新的风格。他的那种兢兢业业的"游戏"，对我产生了深刻的影响。原本，他是一名冲浪运动员，在国际比赛上也拿过金牌。一个偶然的机会使他接触到平面设计，使他的才能得以发挥，也许是因为没有受过正规的设计教育，其作品的自由度与"游戏"程度得到了充分的展现。在老先生们眼里，这家伙也许有点另类，有点过分，但他的那种自由奔放与无微不至的设计精神给了我以很大的启迪。

你觉得你的站最有价值的地方是什么？

对别人来说也许没有什么价值。对自己来说是一个不可多得的表现空间，是生命中的一部分。它不仅让我有幸地认识了许多"狐朋狗友"，同时也拓宽了自己设计活动的空间。

能谈谈你最有感触的一个作品的创作过程吗？

也许是《再见长安》吧。对于我来说它不仅仅是一个作品，更是一个飘零海外的游子的灵魂慰寄。正如日本东京新华侨杂志社的采访所述：对于常年生活在日本的新华侨来说，他们的情感生活或许可以用一个词来集中表现，这就是"思乡"。因为这一批在中国接受过高等教育的人，也是一批受益于中国改革开放的人。良好的教育使他们拥有了立足于社会的基础，改革开放使他们能够在异国获得一片天空。在少年时代，他们的父母经历了中国不正常的政治风云，也在不同程度上经历了苦难。但作为崛起于八十年代的新一代人，在他们的思想深处却蕴藏着一种对故乡的记忆。

对于过去的记忆也许是一个瞬间的事，就像电影里面常常出现的定格一样。所以我的设计有许多部分是用破碎的线条以及零散的板块来处理的。对于家乡的记忆，从我离开国家的那个瞬间起，就在某一个意义上被寄存起来了，这或者是寄存到了自己的父母里，或者是寄存到了自己的朋友那里，总之，当这份记忆在留给我们的同时，也受到了家乡的关怀。所以，我对家乡的记忆也是一个对历史的写照，因为对每一个图景的把握远远不如情感上的接近。

你觉得你的网站里还有什么令人遗憾的吗？

缺乏实验性的探索。另外太懒。有些页面是中文，有些页面是日文，没有分做两个版本，搞得许多朋友看到的都是乱码，还以为自己的浏览器出了问题，抱歉抱歉。

你在做这个站的过程中遇到的最大的困难是什么？你是怎么解决的？

对新技术的把握不够过关，许多想法难以实现。至今还没有很好地解决。

请推荐给我们你最喜欢的几个站的网址。

www.shift.jp.org
www.benetton.com/colors
www.presstube.com
yugop.com
jodi.org

什么是你理解的设计与艺术呢？你在其中是如何取舍的？

在艺术、设计与商业三者中，设计与商业好像是最休戚相关的，但是我奉行艺术即商业、商业即艺术的原则，所以设计就成为最好的桥梁与手段。

你怎么看待中国网站设计界的现状？

回归数日，了解浅薄，不敢妄言。

想过你的明天吗？你下一阶段的目标是什么？说说看。

扎根北京。

有没有其他话想说呢？

非常感谢蚁盟以及文芳等业界同仁为中国 Web 设计艺术的发展所作出的辛勤努力。

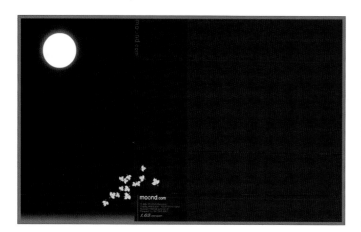

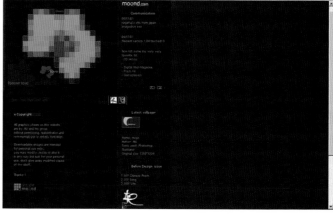

Http://www.moond.com

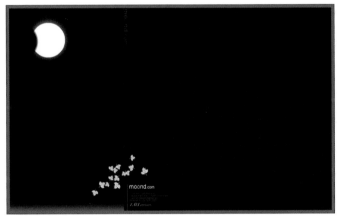

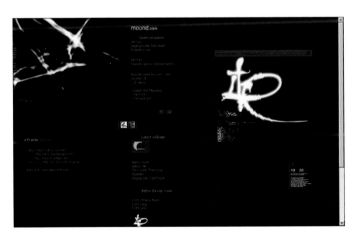

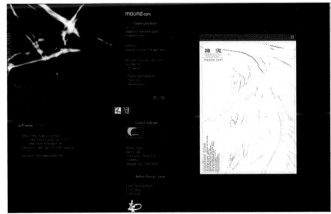

网址：http://www.moond.com
设计师姓名：刘颖

网名：Aki
性别：男
职业：高级网页设计师
城市：上海

网站介绍：就如同这个站点的名字一样──moond（moon与mood合在一起的东西），两者有不同之处也有类似之处。类似的是它们的不定性，仿佛每天都有所不同；但是，月亮的运动该是有规律的，而自己的心情却不是，这也许就是它们的不同！出于这些考虑，网站内也设置了很多随机的元素，让人每次进去都会看到它在变化！不仅是外表的变化，还有自己的变化、访问者心情的变化。这也是我一直努力想要做的真正与访问者共鸣的站点。

　　现在这个站点的主要内容是一些墙纸设计、视觉效果图片和动画的尝试性的设计。其实每次的更新都会围绕一个主题来进行，比如以前的以歌为主体的设计改动，无论是墙纸还是页面本身的设计都是和听歌时的感受连在一起的，今天听到的是这样的感觉，可能明天听到的又不这样了，就是这样的，变化着的，不会停止的moond。

　　我希望在不断的尝试中锻炼和成长，不论它是开心的还是不开心的，甜蜜的还是痛苦的，我对月亮可能是有偏爱的，它总是冰冷地挂在夜空──一种理性的凄美！所以，夜里有机会了，我都会仰望夜空，看看它今天在不在。

制作网站的硬件配置：PIII800, 256M RAM, ATI Radeon AGP
制作网站的软件配置：Photoshop 5.5, 3D Max 3, Illustrator 8, Dreamweave 4. Fire-works 4, Flash 5
联系方式：aki2k@yahoo.com, icq:454185827

请问你是什么时候接触网络的？以前你学的专业是什么呢？

我最早接触网络是在 1997 年 12 月，那时大学还没毕业，登上 Internet 的感觉很新鲜很激动，至今难忘！以前我学的专业是计算机应用。

你觉得你是一个什么样儿的人呢？

我是一个渴望宁静、敏感、思路清晰、有耐性的人。有时也很极端，容易受环境的影响。

你现在的生活状态是怎么样的？

有时觉得悬浮在空中，有时又觉得温馨和满足，总体感觉挺安定的。当然也不免有很多生活琐事的烦恼。

你不做网站的时候喜欢做什么？为什么喜欢做？

喜欢和女友在一起，运动，旅游，打电游，看电影……只要不是对着电脑的，新奇的东西都喜欢。因为他们也是生活中很重要的部分。

能谈谈你最喜欢的音乐或是你欣赏的艺术家吗？

喜欢轻音乐和悠远的音乐，让人很容易放松。也喜欢玉置浩二的歌，是的，很喜欢听的，总能被打动！

能说说在生活中对你的设计影响很大的一个人吗？

现在看来，对我影响最大的该是好友 Roke 了，真的，很不错的家伙，也是从遇到他开始，自己就做设计了。

你觉得你的站最有价值的地方是什么？

说不上最有价值，只是觉得它要特别和含蓄些，可能也与我的人有关，喜欢隐性地去表达自己的感受，很少能直接地打动别人。

你最喜欢自己的哪个作品呢？能谈谈它的创作思路吗？

最喜欢的作品该是 moond 里有着黄色树叶和月亮的首页，这个页面也有它自身的演变过程。自己有个特别的喜好，就是仰头看夜空的月亮，此刻的叹息和凝视都能让自己很放松和平静，也是为此开始了 moond 这个网站的制作，最初的想法就是一个单一的页面，一个每次都能看到不同变化月亮的页面。随着对设计的更多理解和接触，moond 也在不断改版和完善中。（最近也在策划最新的改版设计，当然不管怎么改版，随机的月亮主题元素是不会改变的。）现在这个页面是自己至今最喜欢的，无论是版面的分割，还是页面的树叶点缀和文字排版，都是自己很喜欢的感觉，很简洁和特别，包括页面四周的灰色边框，都曾花了很多时间去尝试。

你觉得你的网站里还有什么令人遗憾的吗？

我觉得遗憾是没能有那么一段完整的时间去进行更多的尝试和创作，好想能有一个很好的进修机会！

你在做这个站的过程中遇到的最大的困难是什么？你是怎么解决的？

没有什么很大的困难，如果要说有，那便也是有时很难更好调整自己的时间和心态，有时做的东西不是很理想的。如果实在做不出什么新的东西，我大多去找些其他喜欢的事做，比如打打游戏，出去旅游一圈。

请推荐给我们你最喜欢的三个站的网址。

www.imagedive.com
chapter3.net
www.threeoh.com

什么是你理解的设计与艺术呢？你在其中是如何取舍的？

就像一个朋友说的：设计是工具、是技巧；艺术是思想、是情感。我觉得最能触动人的作品，应该是运用游刃有余、流畅的设计功力，最有效地去表现（或超越）自己情感和艺术修养的作品。

你怎么么看待中国网站设计界的现状？

如今的中国网页设计还不是很成熟和稳定（更说不上发展和创新）。做设计的未必都是美术专业出身（美术基础不扎实），美术专业出身的未必看得上做网页设计。没有一个成熟、健全的数码电脑设计教育环境。喜好网页设计的同行都在摸索，有的走偏，或是放弃，或是随波逐流。热心于设计的大多希望能有出国磨练的机会。这些是悲观的一面；乐观的一面是，也有很多好的作品不断地推出，自己也好想能好好地作出大家都认可的东西，没有谁会轻易服输的。

想过你的明天吗？你下一阶段的目标是什么？说说看。

明天该是面向国际的。接下来的目标有两个：一个是对自己艺术修养的提高，对设计的更多的理解和探索；另一个是更多地关注国外设计行业的发展。希望把自己的 moond 网站做成专业化的典范。

有没有其他话想说呢？

最后就是给自己和喜好设计的朋友打打气！中国的设计师也是很棒的，不会输给别人！一起在这个世界的大环境发挥自己的天赋吧！

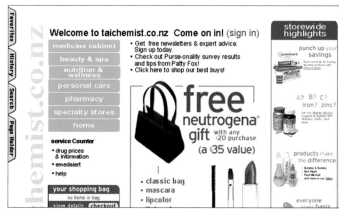

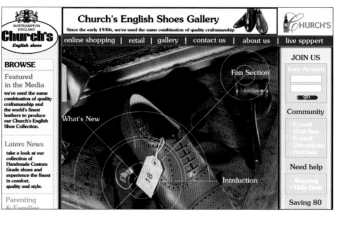

 Http://www.maya.co.nz

网址：http://www.maya.co.nz
设计师姓名：泰祥洲

网名：太阳
性别：男
职业：设计师
城市：北京——奥克兰

网站介绍：一个东方人，在西方的世界里生活了五年，总想做些不一样的东西，能表达我对故土的眷恋。或许是文化的根难以改变，人生总想追求那一
些逝去的人或事……于是，就有了这个玛雅网站。

制作网站的硬件配置：Power Mac 8100, 6GB storage, 110M RAM, Apple 17-inch Monitor
制作网站的软件配置：Photoshop 5.5, Flash 4, Dreamweaver 3, Director 7, Firworks 3,. AfterEffect 4
联系方式：tai@maya.co.nz

请问你是什么时候接触网络的？以前你学的专业是什么呢？

1996年，移民到新西兰，很偶然地进入一家日报社做采访编辑，并开始学习更新报纸网上的新闻。就这样，一下迷恋上HTML。后来发现网络不仅限于HTML，还有GIF, SWF, Shockwave……去上学！凭借一股冲动，我进入了新西兰的媒体设计学院（Media Design School）学习新媒体专业，把这一最初的爱好，变成了自己的职业。之前，早在1986年，我曾在北京体育大学读书，获教育学学士，但没当过体育老师，却去学习了修复古画。一直从事文物展览和交流的工作。

你觉得你是一个什么样儿的人呢？

闲来无恙，泡一壶茶，头脑稍一清醒——原来我是这世界的局外人。

你现在的生活状态是怎么样的？

流浪，北京；北京，流浪……我又回到最初我开始流浪的这一站里。但流浪并没有结束！我只能说 生活中，总有太多太多的变数在等待我前行。从1992年到1996年，我跑遍了中国的二十九个省市。而后，又转道南太平洋的澳大利亚和新西兰。今年，本已买好去欧洲和美国的机票，打算开始自己第三次流浪，但在回国探亲的时候，不幸相识了文芳和王灏，于是开始了我在北京待下来的生活。

你不做网站的时候喜欢做什么？为什么喜欢做？

画画、写字、看书、下棋、玩麻将、喝茶、泡咖啡……只为逃避内心的寂寞和无奈。

能谈谈你最喜欢的音乐或是你最欣赏的艺术家吗？

我最喜欢捷克作曲家德沃夏克的《e小调第九交响曲》，在这乐曲中，有我移民生活的真实写照，是它陪伴我度过人生中最无奈的三个月，也是它让我在画画时，常常情不自禁……

能说说在生活中对你的设计影响很大的一个人吗？

柯文辉老师、冯其庸老师。是他们教授我读书，教授我人生。在我二十出头的时候，带领我出游江南，漫游大漠，带给我今天享受自由的无限源泉。

你觉得你的站最有价值的地方是什么？

不东不西。说白了就是和东、西方的设计师的作品都有一点不一样的地方。

你最喜欢自己的哪个作品呢？能谈谈它的创作思路吗？

在www.maya.co.nz的Gallery中，我使用了一个纯蓝色的背景，最终我用这张底图作了自己Portfolio的CD封面。

你觉得你的网站里还有什么令人遗憾的吗？

很多朋友，像文芳他们都指出，首页的底图和背景太不协调。但做完了的事，实在不想返工，就留作遗憾吧。

你在做这个站的过程中遇到的最大的困难是什么？你是怎么解决的？

创意和技术都有。也许对自己想要表达的东西要求太多，所以画了三十多个纸稿，才决定要这样做。当网站完工测试时又发现多个swf文件的layer不能在IE4的PC版浏览器中实现，后来在www.flashkit.com的留言版中找到了解决方法。

请推荐给我们你最喜欢的三个站的网址。

www.webmedia.com
www.flashkit.com
www.egomedia.com

什么是你理解的设计与艺术呢？你在其中是如何取舍的？

设计可以说八成是为商业服务的。从设计之初，你就会自然或不自然的考虑它的观念，它的对象和客户的要求等。艺术，则带给你无限的想像空间，你不必设计什么，只为表现自我灵魂的一些灵感。当然，好的设计必然来自良好的艺术修养。

你怎么看待中国网站设计界的现状？

中国网站设计的进步，让我瞠目结舌。远远超出了我的想像，也超越了中国社会的进步幅度。不过，一些最著名的门户网站设计平淡，色彩俗气，却又影响了很多刚入门的设计人才的最初观念；同时，也让海外的人士以为中国的网站不过尔尔。我想，一些门户网站实在需要检讨一下。

想过你的明天吗？你下一阶段的目标是什么？说说看。

明天我将继续前行，去搭乘流浪人生的下一班车。也许还会在北京住一两年，但我想最终我要再去欧洲或美国读读书，或许将来做个大学老师。

有没有其他话想说呢？

古人云：功夫在诗外。但生活中有几人能突破技术的束缚呢？要学会舍弃一些你珍惜的东西，义无返顾；前方，才有可能得到那些更珍稀的财富。但这一切，又真的有什么意义吗？

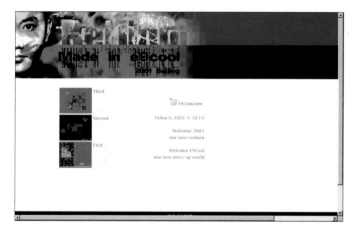

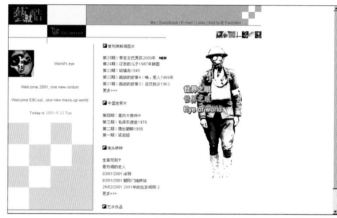

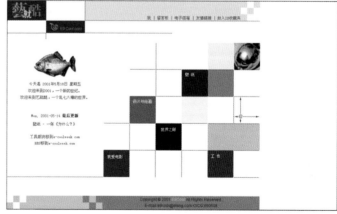

Http://www.e9cool.com

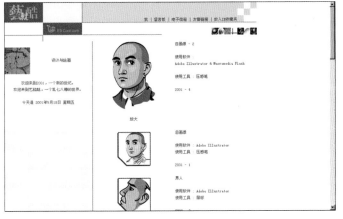

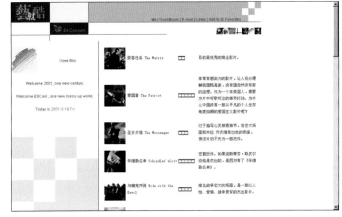

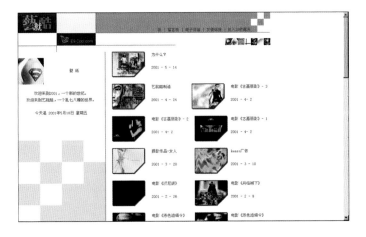

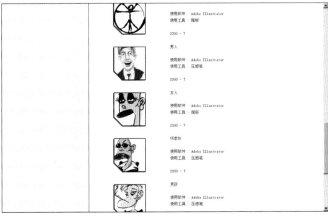

>cool?koo**l?k**

网址：http://www.e9cool.com
设计师姓名：陈大威（David chen）

网名：深情的说、David
性别：男
职业：专业网站设计师
城市：北京

网站介绍：如它的名字一样，"艺就酷"一直在追求艺术的美妙之处，力图向人们说明我的理念——艺术就是"酷"。而且我对"酷"有着自己的独特见解。在
网页的设计中我采用了平面设计中构成的理论，以干净简洁的线和色块组成画面。
网站的内容主要以我的个人作品展示为主，包括网页设计、平面设计、绘画、商业美术、壁纸设计等；另外还包括些我所喜好的新闻、人文摄影作品、电影介
绍。期望与网友们分享。

制作网站的硬件配置：GenuineIntel CPU, 128M RAM, S3 Savage4, 压感笔, HP ScanJet 3400c
制作网站的软件配置：Windows98, Dreamweaver 4, Flash 5, Photoshop 6, ImageReady 3, Illustrator 9,Painter 6
联系方式：e9cool@etang.com, icq:63566072, oicq:860508, TEL:13011024832

请问你是什么时候接触网络的？以前你学的专业是什么呢？
我是1997年上网的，做网站是从1999年开始的。我学的是美术专业。

你觉得你是一个什么样儿的人呢？
北方人的性格在我身上都可以体现，率直、诚恳、热情，也许是喜欢无所顾忌吧，所以有时也会不拘小节。

你现在的生活状态是怎么样的？
很忙，也很疲惫，但是很充实。

你不做网站的时候喜欢做什么？为什么喜欢做？
喜欢做壁纸，因为可以无所顾忌地、随心所欲地自由发挥思想。

能谈谈你最喜欢的音乐或是你最欣赏的艺术家吗？
我听音乐很杂，没有固定的类别。艺术家我比较喜欢毕加索和达利，他们的作品是自由和天赋的体现。

能说说在生活中对你的设计影响很大的一个人吗？
自己，自己情绪和状态的波动将影响设计时的思想。

这么多设计师的网站里，你觉得你的站最有价值的地方是什么？
我想应该是原创。

你最喜欢自己的哪个作品呢？能谈谈它的创作思路吗？
我从来都没有对自己的作品满足过。

你觉得你的网站里还有什么令人遗憾的吗？
有风格没思想，不能仅仅展示作品，还需要有些思想内涵在里面。

你在做这个站的过程中遇到的最大的困难是什么？你是怎么解决的？
因为当时设计思路已经确定，做起来也就很顺利。虽然遇到过达成视觉效果的技术困难，看看书、请教一下别人，也就解决了。

请推荐给我们你最喜欢的三个站的网址。
www.e9cool.com
www.gina12.com
www.yimeng.org

什么是你理解的设计与艺术呢？你在其中是如何取舍的？
在头脑中将各种生活元素不断地积累，不断地组合，并且不断地运动，随时迸发出新的思想。

你怎么看待中国网站设计界的现状？
目前中国网站设计界普遍存在抄袭、临摹国内外优秀网站的现象，虽然经过各自改动，但看起来还是似曾相识，缺少自己独创的东西。好在一些美术出身和有天赋的设计者不断加入这个领域，他们将是中国网站设计原创的主流。

想过你的明天吗？你下一阶段的目标是什么？说说看。
没有明确的目标，只是努力让自己明天比今天更强。

有没有其他话想说呢？
希望成为优秀设计者的朋友们，不要相信天赋，学会接触、融合、掌握、发挥就可以让自己成长起来。

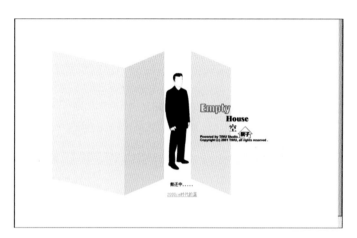

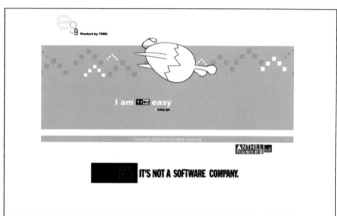

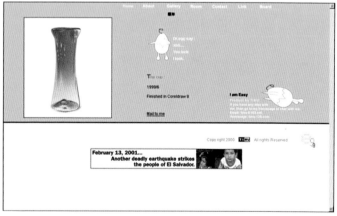

 Http://www.httpcity.com/timu

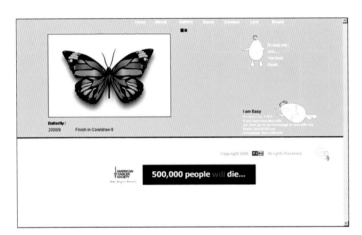

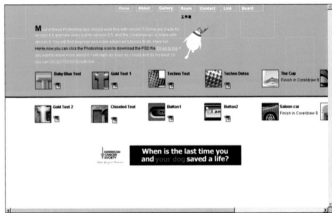

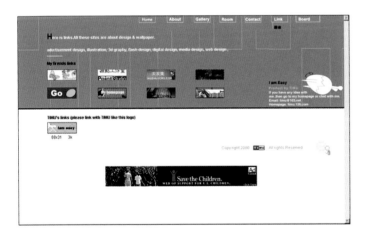

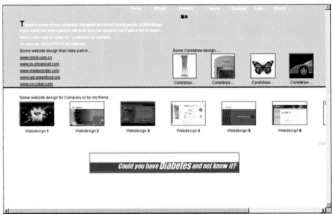

网址：http:// www.httpcity.com/timu
设计师姓名：吴振山

网名：小姆(Timu)
性别：男
职业：美术设计师
城市：广州

网站介绍：网站"e 时代的蛋"（Timu.126.com）主要是介绍本人及以往一些作品的个性化站点，以 Photoshop,
Webdesign,Corel Draw 的内容为主，整个站点的主角是一只叫小姆的"蛋"，"简单也是美"（I am easy）是小
姆追求的设计风格，也就是力求以最简约的元素表达最强烈的主题，做到尽量不含多余的东西。至于为何设计了一只
蛋而不是别的造型呢？ 这灵感绝对是来自突发的奇想（吃咸蛋的时候，hehe），并没有刻意的意思啦。
制作网站的硬件配置：PIII667, 256M RAM, 20G HDD
制作网站的软件配置：Photoshop 5.5, Coreldraw 9, Flash 4, Fireworks 3, Dreamweaver 3,Imageready 2
联系方式：timu@163.net, oicq:17533316

请问你是什么时候接触网络的？以前你学的专业是什么呢？
接触网络是 1999 年底的事，资历尚浅，以前学的专业是管理信息系统。

你觉得你是一个什么样儿的人呢？
严重情绪化的人，固执，懒惰，呵呵。

你现在的生活状态是怎么样的？
一个人离开家工作很久了，每天上班下班，剩下的时间就是对着画册、音乐和四面的墙......

你不做网站的时候喜欢做什么？为什么喜欢做？
做什么？听歌，还有发呆。心情好或坏我都听，我觉得歌曲是很好的调节剂。

能谈谈你最喜欢的音乐或是你最欣赏的艺术家吗？
至爱的音乐是伍佰的，喜欢里面摇滚中带有浪漫的色彩，刘德华的歌曲也是一直必听的，倒不是什么追星，只是靠感
觉，是很自然的喜欢。 至于艺术家，呵呵，一直想尽快看出一点点凡高作品里面的东西来，不过到现在还是不知道他
究竟在画些什么。

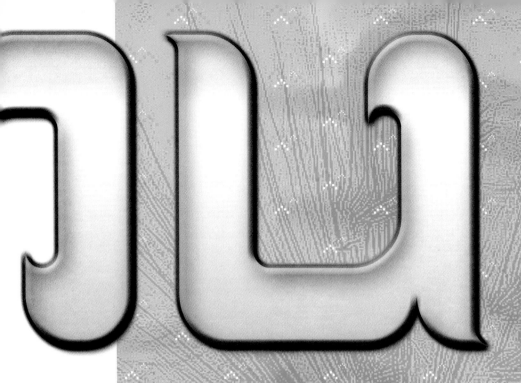

能说说在生活中对你的设计影响很大的一个人吗？
我想，要说特定哪个人的话倒没有，所有的灵感都来自生活里面的东西，哪怕是微不足道的一些事，往往是突发而来的。

你觉得你的站最有价值的地方是什么？
我觉得好的网站给人的第一感觉很重要，先不说表达什么主题，它决定浏览者是否愿意继续看下去，我的网站实际很简单，也没什么人家说的技术含量，但我觉得它（小姆）能吸引眼光。

你最喜欢自己的哪个作品呢？能谈谈它的创作思路吗？
最喜欢的，当然是这个《e 时代的蛋》，它传达一种很简单的意念——简单的东西也很美；还有另一层意思，就是渴望无拘无束地生活、（你没看到它自在地飞着吗？）至于人物造型，完全来自于突发的灵感。

你觉得你的网站里还有什么令人遗憾的吗？
里面的内容感觉太少，说实话主要是没太多的时间做自己喜欢做的东西，工作上的事都够忙的了。

你在做这个站的过程中遇到的最大的困难是什么？你是怎么解决的？
最大困难，要说是前期的构思阶段（当时我还没想好用什么元素来引领这个网站，后来用了只咸蛋，呵呵，反应还行）。

请推荐给我们你最喜欢的三个站的网址。
www.adobe.com.cn
www.designsbymark.com
www.blueidea.com

什么是你理解的设计与艺术呢？你在其中是如何取舍的？
我觉得好的设计是创意加别人的认同度，两者如果在里面占的比重越大，那你的设计就越成功。而艺术不同，它很飘渺，艺不艺术全靠感觉，还有观点与角度，对于这点我理解得还算肤浅。

你怎么看待中国网站设计界的现状？
对于目前国内网站设计，我个人感觉是风格太偏向外国的设计，很难找到一些中国特色而且优秀的网站，这也难怪，就说字体吧，本身英文文字在排版和浏览器适应度方面确实比四方的中文字来得方便和美观（谁叫现在的浏览器都是外国货呢˜）。包括我自己也喜欢用英文。但毕竟我们是中国人，就要有中国特色，大伙一起努力吧，做多些 made in china, hehe。

有没有其他话想说呢？
这次很感谢蚁盟给了这么好的机会让我可以在这本书上吹吹水，同志们，辛苦了！

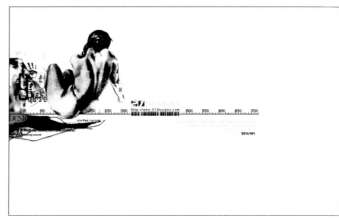

Http://www.21designs.com

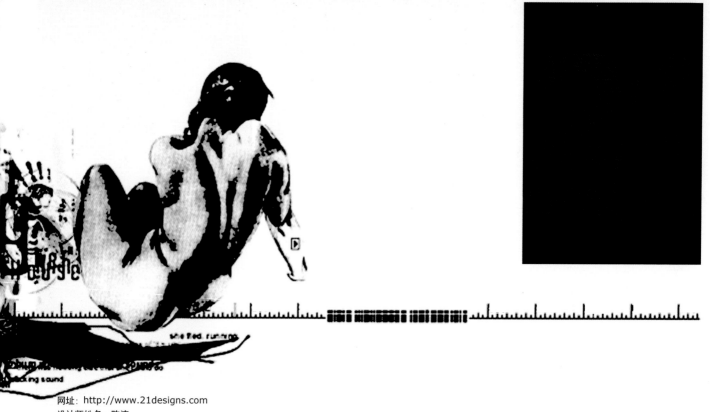

网址：http://www.21designs.com
设计师姓名：陈涛

网名：ChtBoy
性别：男
职业：网页设计师
城市：北京

网站介绍：这个站点是一个纯粹的个人作品展示
介绍站点，站点简单的色彩与结构塑造出来另类
的感觉。黑色与白色是两个自然的对比色，很少
有网站只使用这样两种颜色，但是对于色彩的对
比来说，这两种颜色却是最有活力和丰富表现力
的搭配，同时通过一些其他色彩的点缀，使站点
更充满了活力。结构上采取了简单的左右框架，简
单但是不失功能。

制作网站的硬件配置：AMD K7-700, 256M
RAM, G400, SONY E200
制作网站的软件配置：Photoshop 5.5,
Dreamweaver 4, Frontpage 2000, Anima-
tion Shop, SmartSaver, Paint Shop Pro
联系方式：chtboy@sina.com, icq:
16078821, oicq:23116, TEL:13801151224

请问你是什么时候接触网络的？以前你学的专业是什么呢？
我大约是 1997 年 12 月开始接触互联网的，大学学的是美术装潢（当时没有用过计算机）。

你觉得你是一个什么样儿的人呢？
活泼、思想跳跃、执著、充满活力，有的时候会有一些偏执狂，喜欢结交各式各样的朋友。另外嘴巴比较贫。

你现在的生活状态是怎么样的？
现在待业在家，正在做一个自己理想中的网站——互联网上最大的设计资源社区站点——桌面城市 www.deskcity.com，估计这本书出来的时候，这个站点已经开了。

你不做网站的时候喜欢做什么？为什么喜欢做？
喜欢看看 VCD 或者和几个网友一起出去聊天喝酒（虽然酒量非常差），其他时候都是在一些设计论坛或者 BBS 灌水。

能谈谈你最喜欢的音乐或是你最欣赏的艺术家吗？
对于音乐，我一般喜欢听一些很老的流行歌曲（比如高明骏、罗大佑等），晚上喜欢听听一些比如苏格兰风笛类型的国外乡村音乐的 CD。欣赏的艺术家，应该是毕加索吧，他的作品总是能给我很多遐想和思索，这可能是源于艺术家的内涵吧。

能说说在生活中对你的设计影响很大的一个人吗？
应该是我上大学时候的老师（同时也是我的启蒙老师），他是一个极富想象力的人，他的作品也总是一种杂乱但是不乏活力和内容的风格。

你觉得你的站最有价值的地方是什么？
应该是色彩的运用和素材的搭配。

你最喜欢自己的哪个作品呢？能谈谈它的创作思路吗？
应该是站点的首页，当时制作的时候自己正好刚刚下岗，整个人的状态都不是很好，所以想用一个作品表现自己当时的一种心态——苍白无力，所以在制作的时候采用黑白色调的对比，同时运用了很多杂乱无章的素材，造成了一种堆积的感觉。

你觉得你的网站里还有什么令人遗憾的吗？
有很多细节的制作都不细致，而且在网页技术的运用上也谈不上独特。

你在做这个站的过程中遇到的最大的困难是什么？你是怎么解决的？
当时研究首页的弹出式窗口的 JS 程序的时候遇到了很多麻烦（当时这样的窗口还很少有站点运用），最后求助一个好朋友（高级程序员），在他的指点下才完成的。

请推荐给我们你最喜欢的三个站的网址。
www.blueidea.com
www.ward7.co.uk
www.cwd.dk

什么是你理解的设计与艺术呢？你在其中是如何取舍的？
设计和艺术对我们来说应该是一个理想，而这个理想最需要的是一个自己的想法和观点，这个想法和观点左右了一个设计师的设计风格和内涵。

你怎么看待中国网站设计界的现状？
百花齐放、欣欣向荣，但是没有形成组织和团体化，同时也缺乏自己的风格（或者说是中国风格吧）。

想过你的明天吗？你下一阶段的目标是什么？说说看。
我希望我能永远从事互联网行业的工作，未来也许不是做设计，但是我不会放弃自己对设计的追求和爱好。下一个阶段我会把桌面城市 www.deskcity.com 这个全新的设计资源社区站点建立起来，相信大家会在 7 月中旬看到，这个站点将会为每一个喜欢设计、喜欢图像制作的朋友提供最全面、最精品的设计素材资源和个人作品的展示交流空间。

有没有其他话想说呢？
非常感谢蚁盟的辛勤工作，使国内第一本这样面对设计师的书出版，也希望国内的设计行业会有一个更加美好的明天和发展！

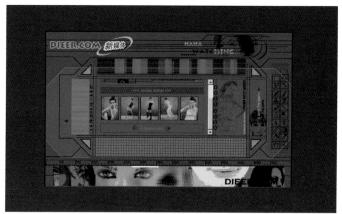

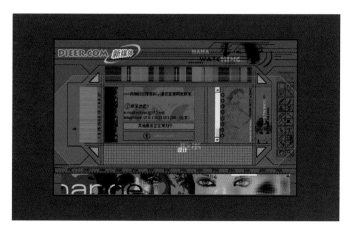

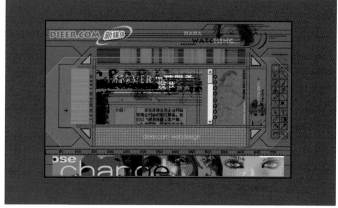

Http://redieer.yeah.net

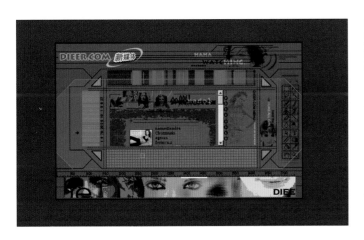

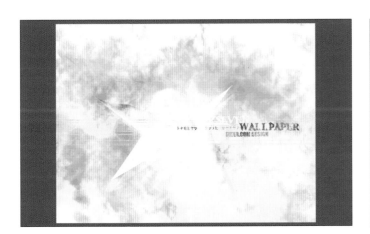

dieer.com desi9n

网址：http://redieer.yeah.net
设计师姓名：薛超

网名：dieer
性别：男
职业：网页设计师
城市：北京

网站介绍：以深蓝色为主色调的网站．里面放了些自己喜欢的内容．当时是很用心做的．在以后的日子里感觉很满足．总之是做自己喜欢的东西．没有其他任何的约束．

制作网站的硬件配置：PIII500, 256M RAM, 15î
制作网站的软件配置：Photoshop, Dreamweaver
联系方式：sdieer@263.net

请问你是什么时候接触网络的？以前你学的专业是什么呢？
我是在 1999 年接触网络的。以前我是学计算机专业。

你觉得你是一个什么样儿的人呢？
我是一个爱凭感觉做事情的人。在生活中是这样，在设计中同样也是如此。

你现在的生活状态是怎么样的？
辛苦和快乐并存。

你不做网站的时候喜欢做什么？为什么喜欢做？
我想说除了做网站，还是做网站。我感觉网页设计已经成了我的生命，并影响着我的生活方式。

能谈谈你最喜欢的音乐或是你最欣赏的艺术家吗？
我最喜欢的音乐是《神秘园》。我做设计的时候经常听。

能说说在生活中对你的设计影响很大的一个人吗？
影响我的人不只一个，但给我影响最大的是 MIKE YOUNG。

你觉得你的站最有价值的地方是什么？
如果说有形价值，可能没有。但我的站在一个特定时期内还是有闪光点的，算一算，我的站是国内第二个加入 CWD 的网站，可能对于国内设计朋友认识外国设计发展，了解外国设计网站还是有一定的帮助的。

你最喜欢自己的哪个作品呢？能谈谈它的创作思路吗？
我比较喜欢以前做过的一系列模特壁纸。我觉得人的美丽之处有很多，特别是一些女人，所以就即兴做了这些壁纸，我的印象中，很多人都喜欢。

你觉得你的网站里还有什么令人遗憾的吗？
要说遗憾是很多的，因为网络在变，人在变。现在看起来我对当时这个网站的遗憾太多了，不过如果从当时的角度出发，令人遗憾的地方并不多。

你在做这个站的过程中遇到的最大的困难是什么？你是怎么解决的？
做这个站之前是有准备的，所以当时遇到的困难并不多。如果非要说，可能最大的问题就是时间吧，记得做的时候，逃了好几次课。

请推荐给我们你最喜欢的三个站的网址。
www.surfstation.lu
www.h73.com
www.yjmeng.org

什么是你理解的设计与艺术呢？你在其中是如何取舍的？
我觉得设计和艺术是相辅相成的。艺术离不开设计，设计也需要艺术。除了某些完美的形式，大多数艺术和设计是不会分家的。

你怎么看待中国网站设计界的现状？
国内网站设计界的现状是不错的，国内的设计师水平已经接近外国中级设计水平。但感觉国内的商业设计缺乏竞争机制。

想过你的明天吗？你下一阶段的目标是什么？说说看。
人的一生只有 3 天，昨天，今天和明天。下一阶段，我想做自己的第三个个人网站，希望能加入 CHP。

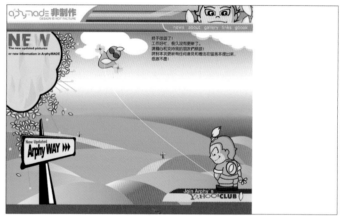

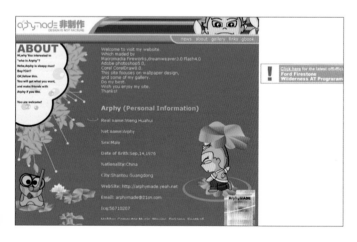

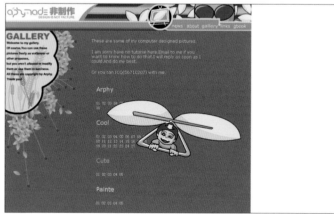

 Http://www.httpcity.com/arphy

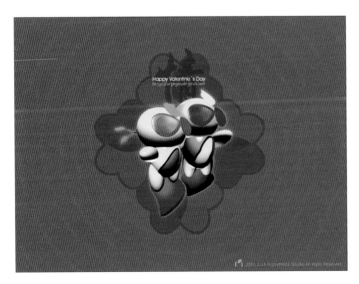

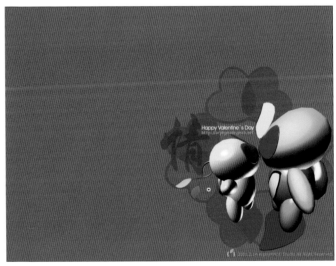

网址： http://www.httpcity.com/arphy
设计师姓名：翁华晖

网名：Arphy
性别：男
职业：设计师
城市：汕头

网站介绍：网络的发展给设计者广阔的空间。纯粹本着自己对设计的爱好建立起来的这个网站也是希望能有更多的机会与不同设计师沟通并向他们学习。开始做ArphyMADE是2000年5月。可能这个网站名字有些怪，才吸引了第一群浏览者。之所以叫这个名字是因为 A r p h y 是我的网名，本来想叫ArphyDESIGH，但是觉得还不能称上 DESIGN，所以叫了MADE。Go with Arphy & think by different way 也就是我建网站的意图："结交各位猛人尖人，并启发自己用不同的思维设计。"网站以网络插画为主，通过壁纸的方式来传达。在这个个人的空间里，不受其他的限制，所以力求能在自由创作的基础上学习各种风格的表达。期待着与您的交流。

制作网站的硬件配置：PII350, 256M RAM, G200, 10G HDD, 17"
制作网站的软件配置：Photoshop, Dreamweaver, Flash
联系方式 arphymade@21cn.com, icq:56710207, oicq:2103226, TEL: 13502758008

would you go with me!?

请问你是什么时候接触网络的？以前你学的专业是什么呢？

1999 年年底吧，具体时间我忘记了。那时我只会发 Email，知道有个叫 163.net 的网站挺牛的。大概有半年的时间里我只会发 Email，后来是 ICQ 带我上了其他的网站。以前我在大学是读建筑工程的。

你觉得你是一个什么样儿的人呢？

无法归类，是个好人吧。

你现在的生活状态是怎么样的？

正常地打工。

你不做网站的时候喜欢做什么？为什么喜欢做？

看电影或者影碟。感受新技术、新视觉。

能谈谈你最喜欢的音乐或是你最欣赏的艺术家吗？

George Michael。当我听 Fast Love 的时候，想说"音乐简直棒极了"。

你觉得你的站最有价值的地方是什么？

我没见过和我风格类似的。

你最喜欢自己的哪个作品呢？能谈谈它的创作思路吗？

我最喜欢的是 we are the fish live without water。主要是我对自己创作这个造型满意。生活中很多人和小鱼一样，都是在频繁地觅食，只是我们不在水中。先是给鱼一个造型，我想让这鱼看来没什么头脑，所以把鱼的通常样子切去了头部，肥胖的身体和大眼睛只是想让它们看来更卡通化。接着，我想让这群鱼表达各自不同的心情。因为只是想用简单的线条，所以就选择了眼睛来表现。因此有各自不同的眼神和两条伸舌头的鱼。它们大多都是茫然、惊讶和小心翼翼。伸舌头的两条鱼代表年轻而不知道自己身为小鱼的危险的一族，它们还是好奇与贪玩，轻松对待生活的。把它们都挤在一起，想说明它们是一个族群。为了让鱼不是用肚皮走路而加上了阴影，感觉是飘在空中了。字体选得比较卡通和诙谐，没特别的地方，只是为了配合画面风格而已。其实这是蛮简单的画面，造型决定了一切。

你觉得你的网站里还有什么令人遗憾的吗？

还不精致，正在全力修改。不过需要空余时间。

_____的最大的困难是什么？你是怎么解决的？

这个站是_____什么大的目标，只是想交些朋友，并不存在什么问题。如果有技术问题的话，我会查找有关的网络资料学习。

请推荐给我们你最喜欢的_____

www.MTV.com
www.EDIOS.com
www.boo.com

什么是你理解的设计与艺术呢？你在其中是如何取舍的？

设计让大多数的人都接受你的感觉，艺术则是个人行为。每个人都有自己的艺术。

你怎么看待中国网站设计界的现状？

技术重于设计。

想过你的明天吗？你下一阶段的目标是什么？说说看。

没有明确的目标。我想在一个共进的团队里工作，感受合作。不是排字拼图和 COPY，要做我们尽全力的东西。幸运的话，我想自己来找伙伴。

有没有其他话想说说呢？

如果你也是一个喜欢团队合作的创作人，看看我的联系方式吧。谢谢！

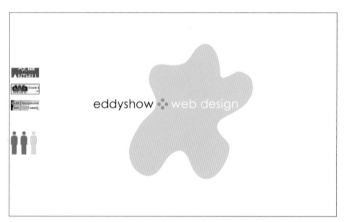

Http://www.eddyshow.com

eddyshow

web design

网址: http://www.eddyshow.com
设计师姓名: 张汪

网名: EDDY
性别: 男
职业: 留学
城市: 俄罗斯圣彼得堡

网站介绍: 阳光的感觉、新鲜的色彩、自由随意的 EDDYSHOW, 难得的气氛, 无拘无束的交流。 2001 年 4 月, 回国工作了一段时间之后, 觉得又学到了一些东西, 对以前的个人网站有点看不下去了, 于是开始策划现在的 eddyshow.com。我做事随性, 同时也感觉到靠访问量打天下的个人主页时代已经过去了, 没对网站的发展做什么打算, 就是想做自己喜欢的东西, 一个纯个人的空间, 用了近一个月的时间, eddyshow.com 诞生了!

制作网站的硬件配置: PIII300, 256M RAM, 30G HDD, G450
制作网站的软件配置: Photoshop 6, Imageready 3, Illustrator 9, Dreamweaver 4, Fireworks 4, Flash 5……

请问你是什么时候接触网络的？以前你学的专业是什么呢？

我大概是1999年秋天才开始接触网络，年底开始接触网页制作，那时候谈不上设计，仅仅是作为一个爱好。而我的专业是外语。

你觉得你是一个什么样儿的人呢？

敏感，相信直觉，固执并且有点沙文主义。不太愿意直接面对生活中的矛盾和冲突，总尽力把自己和这些纷繁之事隔绝开来。有时候会进入某些电影的角色，痛恨破坏大自然的行为，坚信这个世界上存在人类暂时无法接受的神秘事物。

你现在的生活状态是怎么样的？

有点消极，几年的国外生活感觉有些疲惫，以前的雄心壮志现在也变得现实了，但其实从没有放弃希望，不再去追求一些距离太远的东西，踏踏实实尽自己最大的努力，几个好朋友总在我困难的时候给我莫大的支持和动力，这一点很让我宽慰。

你不做网站的时候喜欢做什么？为什么喜欢做？

离开电脑的时候，我喜欢打篮球和旅行，从中学时篮球就一直是我最喜欢的运动，接触网络之后，多数时间坐在电脑旁，动的只有脑子和手，适当的户外运动对每个电脑工作者都是很必要的，打篮球可以让我的心态和身体都保持富有活力的状态，而旅行可以使我从平时习惯的狭小空间里跳出来，换一个角度去观察这个世界，就会更爱那些美好的东西，也就会去忘掉一些丑恶的东西，如果眼睛善于捕捉，旅途中很多不经意的瞬间都可能成为设计的灵感来源。

能谈谈你最喜欢的音乐或是你最欣赏的艺术家吗？

喜欢空灵，富有自然气息的音乐，比如Moby的《Natural Blues》，还有《阿姐鼓》，这一类的歌总能让我心旷神怡，百听不厌，在基础情况下，摇滚乐我也很喜欢，其中最喜欢Aero Smith乐队，最欣赏的艺术家是凡高。

能说说在生活中对你的设计影响很大的一个人吗？

一定只能是一个人吗？呵呵！我的一些朋友对我设计的影响都挺大的，比如CHTBOY，架子，DHTMLBOY，K7……最早接触纯设计网站是从前某西大下创始人之一——CHTBOY的个人网站开始的，通过他的网站我的设计概念才逐渐成型，而架子的风格和一些思路曾经在我进入设计低潮的时候给了我很大的启发，DHTMLBOY和K7对设计的执着和力求完美的精神也一直让我钦佩。所以我很难说哪一个人对我设计的影响最大，我只能说他们都是我的良师益友。

你觉得你的站最有价值的地方是什么？

众多优秀设计师的作品都各有所长，都有值得我学习的地方，不敢妄谈自己网站最大的价值何在，通过这个网站，我认识了很多朋友，也让很多朋友了解了我，我觉得这对我来说是最大的价值。

你最喜欢自己的哪个作品呢？能谈谈它的创作思路吗？

最喜欢的作品是给自己做的一张专辑封面，不过我可没有出专辑，那只是习作而已，创作思路就是尽量做得以假乱真，使人一看就感觉是一张真正的歌曲大碟封套，颜色上采用了荧光，暗色调，一反我一般喜欢使用明亮，自然色彩的风格，也算是一种尝试。

你觉得你的网站里还有什么令人遗憾的吗？

遗憾太多了，我每次在完成一个网站的同时就想重做了，比如现在的网站在高分辨率下浏览会显得比较紧凑，同时由于当时过于追求细节而把速度问题几乎搁置一旁，不少朋友反应速度较慢，我只能说对不住各位了，呵呵。下一版我会有所改进。

你在做这个站的过程中遇到的最大的困难是什么？你是怎么解决的？

电脑配置太烂是我最头疼的问题，以前每次开Photoshop都心惊胆战，解决的办法当然是升级。

请推荐给我们你最喜欢的三个站的网址。

www.2advanced.com
www.estudio.com
www.microbians.com

什么是你理解的设计与艺术呢？你在其中是如何取舍的？

设计是艺术的一种具体表现形式，设计水平很大程度取决于艺术修养。就我现在的阅历和见解难以望真正的艺术之项背，至于取舍更是谈不上。

你怎么看待中国网站设计界的现状？

短短几年的时间，明显可以感觉到国内的个人网站数量的猛增，也有越来越多的中国设计师被国外的设计界认同。我们可以自豪地说：中国的设计水平提高很快。但是，同时我们注意到，国内很多商业网站的设计仍然不尽人意，在我们感慨为什么老外的商业站点也能做得这么牛的同时，我们不得不思考，真的是设计师"技止此耳"吗？我觉得不是，起码不全是，很多设计师可以把自己的个人网站做得美仑美奂，但在设计商业网站的时候总感觉无法渗透自己的思想，缩手缩脚，难以施展。具体一点讲就是一些打破常规的设计通常会遭到封杀，于是设计师在做的时候，脑子里想的不是怎样设计才更出色，而是怎样设计能交差，这种情况下的产物自然是大同小异，缺乏个性。这个时候，设计师是被动的，甚至是无奈的。另外恶性竞争的问题，网站设计界也未能幸免，收费和质量的缩水是相同的，大量免费素材的使用使很多网站看起来似曾相识，只求数量不求质量的流水线作业也使很多网页再无设计可言，于是就出现了这样的论调，"现在只要会敲键盘就能做网页。"设计=做网页=敲键盘？我想每个设计师都不愿看到这样的公式成立。这些情况要改变，主动权并不在设计师手里，也许我们目前能做的只有尽量对得起自己的作品。

想过你的明天吗？你下一阶段的目标是什么？说说看。

还有一年时间我就完成了国外的学业，我的选择是毫不犹豫地回国，我喜欢国内的气氛，更想念国内的朋友，虽然我所学专业不是设计，但我的个性和爱好都使我和设计越来越密不可分，我想回国后我还是会从事和设计相关的职业，几年内有个小小的愿望，就是和好朋友一起开个酒吧，要最个性的。

有没有其他话想说呢？

真的很感谢黑眼睛提供这样的机会给我们，也感谢所有给予我帮助的朋友们！

 Http://www.silkenage.com

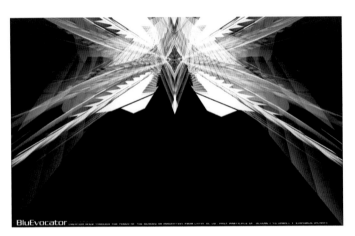

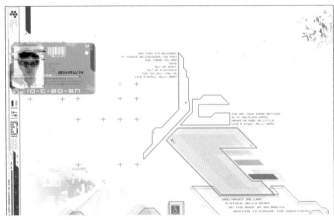

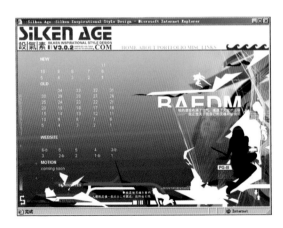

网址：http://www.silkenage.com
设计师姓名：shawn

网名：shawn
性别：男
职业：网页设计师
城市：上海

网站介绍：大约有一年没写过这样的陈述，已经不太习惯（呵呵，言下之意：写不好，见谅）。新改版的网站依旧是以个人作品 showcase 为主，因此内容上完全是以个人作品陈列与一块试验地，希望借此提高自己的水平和交流心得。风格、色彩的运用是我所钟爱的样式（splash/all digital/trendy/trash?）配以适当的 Flash。关于这个网站不想深入谈（当您看到这里的时候，它是什么样我也不知道），只强调两个词：实验、进化。在某种意义上的结合就是完美的。当然，IOM 任何成熟的设计师都不会只局限于一种风格，记住你做的是设计，换句话说，必须能解决任何类型的问题。我至少现在并不是革新主义的人（虽然这里人人都想成为），James，Mike 和 Jk 等对我影响极大，或许也是年龄的关系。okay,let's back 这个网站上的东西，是我一个时期设计概念的集中体现，也许是每一天、每个晚上稀奇古怪的想法。我个人觉得多么精彩甚至于伟大谈不上，重要的是我做我想做的。So much for these,cu next time。

制作网站的硬件配置：Athlon 700, 328M RAM, Logitech iFeel Mouse, SAMSUNG SyncMaster 710s,TNT2 Pro 32MB, EPSON Stylus Color 700
制作网站的软件配置：Photoshop, Dreamweaver, GoLive, Flash, 3D Max, Bryce, Gif Animator, Fireworks
联系方式：shawn@silkenage.com, icq:7570741, oicq:19517240

请问你是什么时候接触网络的？以前你学的专业是什么呢？
大体在 1998 年，我注册了 ICQ,it's really cool。以前和以后我是中学生，白天学睡觉专业，晚上好像是游戏课程。

你觉得你是一个什么样儿的人呢？
我是人，正常人。怎么，你们觉得不正常吗？

你现在的生活状态是怎么样的？
很有规律。以后难说。

你不做网站的时候喜欢做什么？为什么喜欢做？
喜欢听音乐、看天空、看书、上网和思考。因为我离不开它们。

能谈谈你最喜欢的音乐或是你最欣赏的艺术家吗？
听了才能喜欢上的音乐。James sommerville,Jens karlsson,James blahblah……（为何都是 J?）这也只能代表一个阶段，who knows!

能说说在生活中对你的设计影响很大的一个人吗？
一个人？其实不止。素未谋面的人都有可能给我很大影响；除了上面提及的，还有 zeyez 和我自己。

你觉得你的站最有价值的地方是什么？
我自己最有价值的地方在我能自娱自乐。

你最喜欢自己的哪个作品呢？能谈谈它的创作思路吗？
迄今是 Azure V 和 Bluevocator，或许在您看到的时候，已经不是了。在创作 Azure V 的时候几乎一直在变（大的改动有 4 次），从一种风格转化到另一种相似风格的过程。Bluevocator 很多人欣赏。呵呵，对称型的设计也是突发奇想……

你觉得你的网站里还有什么令人遗憾的吗？
很多。几乎每次网站改版完成后，确切地说第二周就有。但我不想去更改了。"作品"结束了就结束了。请继续下一个，这是我的观点而已。

你在做这个站的过程中遇到的最大的困难是什么？你是怎么解决的？
Flash 和 Javascript 等的结合，主要还是技术上。我不精通 Flash，甚至是新手。在音乐、动画结合等方面的问题我是通过 ICQ 和电话解决的。在这里我要感谢 Elvis、Semon 的 Flash 支持；youngpup 的收费（$150)JS 滚动条和 zeyez 的最后测试。

请推荐给我们你最喜欢的三个站的网址。
www.deaddreamer.com
www.threeoh.com
www.designinmotion.com

什么是你理解的设计与艺术呢？你在其中是如何取舍的？
设计和艺术都是平常而必须的东西。我怎么取舍？

你怎么看待中国网站设计界的现状？
（皱眉）似乎有点惨不忍睹。不想多谈及这样的话题，因为牵涉的问题太多、很复杂。all in all 还是起步阶段，每个时期都有很多事情要做。需要我们大家的努力。

想过你的明天吗？你下一阶段的目标是什么？说说看。
明天？那你问对了，我几乎不去想后天的事情。我常常睡觉的时候想明天如何，呵呵。最近的个人 project 是建设 Xiias.org，并于 7 月开始运作，我有信心它会成功的，我们有高质量的团队同时也欢迎你们加入！

有没有其他话想说呢？
现在是 00:02 分，该死！我按了 submit,系统说已经过期 blah,空调 22 度，我穿短袖 T-shirt，鹦鹉图案（不许笑，很漂亮的那种）。桌上有玉米棒，橘色灯光，电视机正放革命电影，口渴了，明天要请假，晚安……

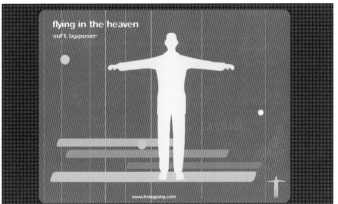

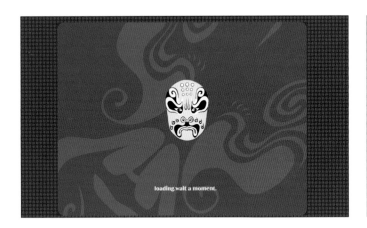

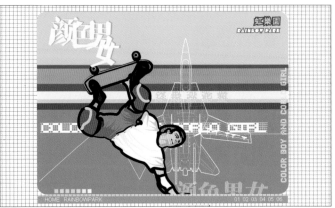

 Http://www.kongyang.com

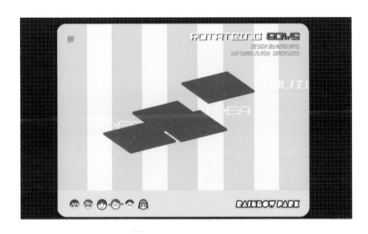

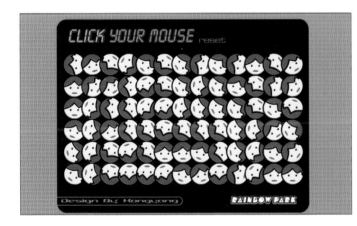

KONG YANG

网址：http://www.kongyang.com
设计师姓名：孔扬

网名：孔扬
性别：男
职业：网页设计
城市：上海

制作网站的硬件配置：P3Pc
制作网站的软件配置：Flash, Dreamweaver, Photoshop, ImageReady, CorelDRAW……
联系方式：kongyang@china.com. qq:9666464, Tel:13501926030

网站介绍：越位的设计空间

请问你是什么时候接触网络的？以前你学的专业是什么呢？
1999年触网。以前是学平面广告设计。

你觉得你是一个什么样儿的人呢？
为理想而活着的。

你现在的生活状态是怎么样的？
尚可，离设想中的目标差距颇大。

你不做网站的时候喜欢做什么？为什么喜欢做？
喜欢看电影，听音乐，看书、杂志……因为学习，休息。

能说说在生活中对你的设计影响很大的一个人吗？
很多，我觉得每个出色的设计师都有值得我学习的东西，说不上哪个人对我影响很大。

你最喜欢自己的哪个作品呢？能谈谈它的创作思路吗？
最喜欢的是《虹乐园》（RainbowPark）http://www.kongyang.com/rainbowpark。出于想把它做得轻松、可爱，于是就选了小孩子的形象切入。

你觉得你的网站里还有什么令人遗憾的吗？
想把内容做丰富，但结果整体风格很难把握，站点风格不够突出。

你在做这个站的过程中遇到的最大的困难是什么？你是怎么解决的？
遇到的最大困难有：1.时间、精力、资金不足；2.尽量挤出一切业余时间及精力，尽我最大的努力把我的站点做得更完美。

请推荐给我们你最喜欢的三个站的网址。
www.flashkit.com
www.coolhomepages.com
www.cwd.dk

什么是你理解的设计与艺术呢？你在其中是如何取舍的？
艺术相对随意、大气，更能表达内心的想法；设计则需要严谨。吸取值得借鉴的艺术成分，避免由于长期从事设计所养成的匠气。

你怎么看待中国网站设计界的现状？
成长很快，但和国外比还有很大的差距。

想过你的明天吗？你下一阶段的目标是什么？说说看。
出国学习深造。

有没有其他话想说呢？
愿中国的设计界能早日成熟起来，走出自己的路！同时，希望我们的技术人员不断努力，不要总是跟着人家的尾巴走，我们得有自己的技术和软件。

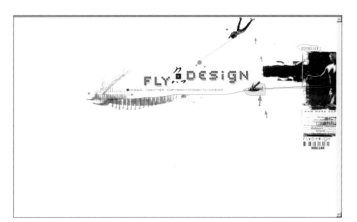

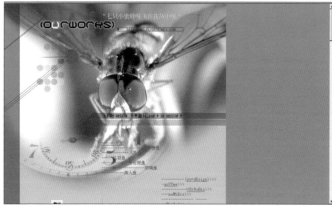

Http://flydesign.home.chinaren.com

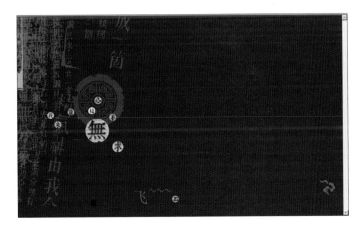

FLYDESIGN
flydesign.home.chinaren.com

网址: http://flydesign.home.chinaren.com
设计师姓名: 徐永胜

网名: 三藏
性别: 男
职业: 网页设计师
城市: 北京

网站介绍: 飞鱼设计: 在设计的艺术领域中我们要做会飞的鱼——用创意给我们的梦想插上翅膀,在设计的海洋中我们游得畅快淋漓,在设计的领域里我们凌空飞翔,欢呼雀跃,带着激情,用点线面支撑起设计艺术的灵魂,用色彩和多变的技法畅抒胸臆……
永胜设计: 我热爱传统文化,扎根在传统艺术的肥沃土壤中,我有汲取不完的营养,中国的古老文化赋予艺术以神奇的色彩,我觉得通过现代的多媒体交流把中国传统文化展现给世人是每一位中国设计师光荣神圣的职责。

制作网站的硬件配置: PIII733, 256M RAM
制作网站的软件配置: Photoshop 5.5, Fireworks 3
联系方式: xuyongsheng@sina.com

请问你是什么时候接触网络的？以前你学的专业是什么呢？

我2000年4月开始从事网页设计,当然也是从那时开始触网,以前是工业设计专业毕业。

你觉得你是一个什么样儿的人呢？

我有积极向上的乐观性格,诚实,最爱结交志同道合的朋友,我的朋友是我最大的财富。我清楚地知道自己该走的路,我热爱设计,我会把它作为一生的追求,并执著地走下去。

你现在的生活状态是怎么样的？

在网络大厦工作,在业余时间接一些平面设计的活,但还没有脱离打工的阶段。

你不做网站的时候喜欢做什么？为什么喜欢做？

游泳(又娱乐又健身),和朋友聊天(知道更多的事,了解更多的人),上街(只呆在家里感觉不到自己还生活在一个变化得很快的世界里)。

能谈谈你最喜欢的音乐或是你最欣赏的艺术家吗？

我喜欢二胡《二泉映月》,它能让我心灵得到异常的平静;还很喜欢徐珂的设计,他的设计个性突出又有时代感。

能说说在生活中对你的设计影响很大的一个人吗？

徐珂,没见过面,喜欢他设计的页面,传统、大气。并且他在网页设计与中国传统文化结合的实验中为我们做出了典范。

你觉得你的站最有价值的地方是什么？

可能是原创性吧。

你最喜欢自己的哪个作品呢？能谈谈它的创作思路吗？

最喜欢的是《飞鱼设计》,设计师的创作思路:一天到晚游泳的鱼呀不停地游——我们是会飞的鱼——因为我们有创意有梦想,所以我们是会飞的鱼。

你觉得你的网站里还有什么令人遗憾的吗？

没有时间来收集内容,更新很慢。

你在做这个站的过程中遇到的最大的困难是什么？你是怎么解决的？

想做属于自己的设计,就要更多地思考和尝试,时间很少,不断地想不断地做……

请推荐给我们你最喜欢的三个站的网址。

flash.ting365.com

www.yimeng.org

www.ziggen.com

什么是你理解的设计与艺术呢？你在其中是如何取舍的？

设计不同于纯艺术的是:设计不单纯是设计师的自我表现,而更重要的是设计是否能为商品创造价值。应该考虑自我表现与受众,主观设计与市场需求,社会效益与市场效益之间的关系,但随着人们生活水平的不断提高,设计作品在满足其应用性的同时更应该是一件艺术品,我在做设计时也希望自己的作品像艺术创作一样能感染别人,不仅实用,更具观赏性和文化性。

你怎么看待中国网站设计界的现状？

中国网站设计界有很多设计师很优秀,我坚信在我们的共同努力下,中国的网页设计水平将有很快的进步。

想过你的明天吗？你下一阶段的目标是什么？说说看。

首先要成为一个好的设计师,还要继续不断地努力,丰富自己的知识能量,其次希望拥有一个自己的设计公司。

有没有其他话想说呢？

希望和中国其他网页设计师一同为中国网页设计的发展创造辉煌。

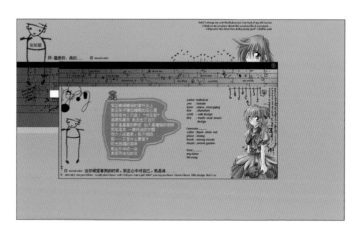

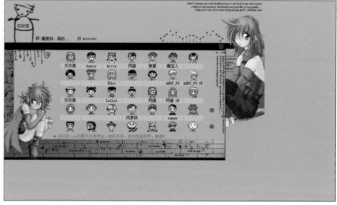

 Http://www.huihuicai.net

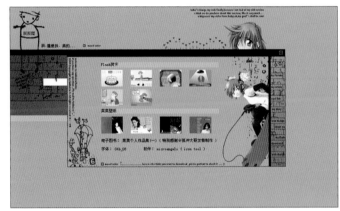

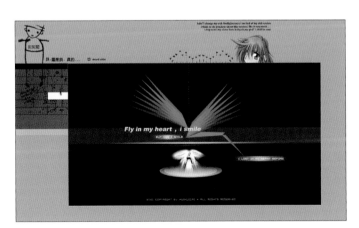

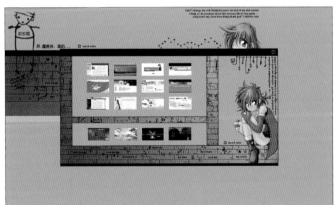

HUIHUICAI

网址：http://www.huihuicai.net
设计师姓名：曹晖

网名：灰灰菜
性别：女
职业：网页设计
城市：深圳

网站简介：我．就是我…

制作网站的硬件配置：PIII667, 256M RAM, 20G HDD
联系方式：hui2108@sina.com, oicq:5279473

请问你是什么时候接触网络的？以前你学的专业是什么呢？

1998年开始接触网络，以前学的是工业自动化专业。

你觉得你是一个什么样儿的人呢？

这个真的很难说，因为在朋友（我是指现实生活中的朋友）的眼中，我是一个很开朗，很坚强的女孩子，可是在网上，却有很多的朋友觉得我生性忧伤，所以，我自己也迷惑了，然后在去年的某一天里，我写给自己一段话：当你凝望着我的时候，我在心中问自己，我是谁……

你现在的生活状态是怎么样的？

就这样吧，不是特好，也不是特坏，其实生活原本就是这样的不是吗？平平淡淡才是真……

你不做网站的时候喜欢做什么？为什么喜欢做？

我喜欢听听音乐，看看书，然后再写些文章和随想……也不为什么，就是喜欢。其实只要能产生共鸣的东西我都比较喜欢，至于写文章，我想是自己内心独白的一个方式吧……

能谈谈你最喜欢的音乐或是你最欣赏的艺术家吗？

我最喜欢的音乐？我喜欢那种比较Blue的音乐，淡淡的，可以从心里静静地滑过，Secret Garden就是我最钟爱的一张音乐碟。而最不喜欢的就要算是节奏激烈的音乐，这可能和我的个性有关吧。

至于最欣赏的艺术家，暂时还没有，也许这是自己离艺术还很远的缘故，所以我一直很羡慕那些在美院念书的人。

能说说在生活中对你的设计影响很大的一个人吗？

应该没有吧，因为我觉得，大凡设计做得好的人都会影响我，我会不自觉地去吸取他们设计中的精华，再转化为自己的设计风格，所以我说，影响我的人很多，却没有大小之分。

你觉得你的站最有价值的地方是什么？

能很真实地表达我内心的情感，无论是从设计风格上，还是从内容里，记得前几天我的一个朋友告诉我，你知道吗？看完你的网站之后，让人很有一种想和你说话的冲动，这就是了，我在真情告白的时候希望换回的也是真心。

你最喜欢自己的哪个作品呢？能谈谈它的创作思路吗？

真的没有，我看自己的东西都是一段时间之后就觉得不好了，所以希望自己最好的还是在以后吧，虽然这样说有过于老套之嫌……

你觉得你的网站里还有什么令人遗憾的吗？

遗憾？有，我觉得自己的网站里互动的东西太少，技术含量也不够，不过在以后的设计中，我会慢慢改善的。

你在做这个站的过程中遇到的最大的困难是什么？你是怎么解决的？

最大的困难好像没有，如果有的话就是时间了，好在只要是我自己喜欢的事情再累我也愿意承受，所以才得以把这个站呈现在大家面前……

请推荐给我们你最喜欢的几个站的网址。

www.coolhomepages.com
www.cwd.dk

什么是你理解的设计与艺术呢？你在其中是如何取舍的？

我认为设计是艺术的表现方式之一，就正如音乐，文学等等也是艺术一般，其实它们原本就是相通的，我没有什么取舍，因为我根本就没有时间去取舍，我现在做网页设计工作，因此我只可以有时间去做设计，不过一旦我有了足够的时间，我就希望自己能更广泛地去贴近艺术，我想哪怕是离艺术近一点点也好……

你怎么看待中国网站设计界的现状？

国内设计界和国外的相比还有很多不成熟的地方，设计风格单一不够创新，而且抄袭的现象还很严重，不过国内设计界永远都有一班对设计怀着极大热情的设计师，因此我相信中国网站设计一定会越做越好的。

想过你的明天吗？你下一阶段的目标是什么？说说看。

想过，我希望自己未来的道路是一条艺术的道路，而我所指的艺术并非仅仅局限在网页设计里，应该是更广阔意义上的艺术，我希望自己可以自学素描，自学摄影，再多写些文章，基本上，然后再多出去走走，因为我发现其实民间事实上深藏着许多很古老的影，我希望自己可以更贴近他们……

有没有其他的话想说呢？

有，谢谢这次酷盟出击收录了我的站点，让我在开心之余很是受宠若惊，以后我会更加努力的……

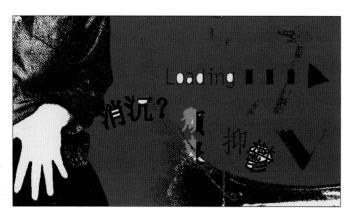

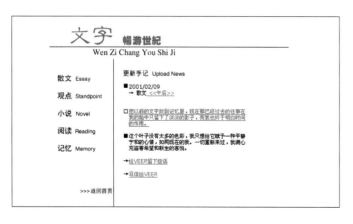

 Http://veerart.csol.net

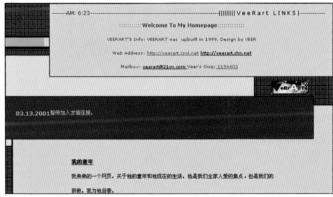

网址：http://veerart.csol.net
设计师姓名：黄舒绚

网名：Veer
性别：女
职业：学生
城市：西安

网站介绍：Veer Art 1999 年 5 月诞生，我一直赋予它以一种宁静、恬淡的氛围，期望除去附着于这个网络时代的喧嚣与浮躁，展现一份真实和真诚。我认为，艺术与技术的完美结合必定是网页设计中最重要的也是最难掌握的一点。个人网页的设计则需要借助必要的软件工具，以一种很自然的方式，表达内心的情感，不受羁绊，从而使设计作品具有动人心魄的能力，而并非是一些追逐时尚的所谓迎合所可比及。在这个站点里，包含了我的一些文字和一些设计作品。它们表达着我的情绪和思想，也展现着我几年来真实的生活历程。对于我而言，它们是珍贵的。但愿它们能在取悦你的眼目的同时，也能取悦你的心灵。

制作网站的硬件配置：PII233, 6G HDD, 64M RAM
制作网站的软件配置：Windows 98, Photoshop 5.5,
Imageready, Dreamweaver 3
联系方式：veerart@21cn.com, oicq:1194403

消沉？
更消沉？

请问你是什么时候接触网络的？以前你学的专业是什么呢？

1998 年 4 月。当时还正在西安的一所重点高中上学。

你觉得你是一个什么样儿的人呢？

一个开朗活泼、大方、独立的女孩子，比较有主见，做事情专注、认真，虽然有时候情绪波动蛮大，但总地来说，很坚强、自信。

你现在的生活状态是怎么样的？

读书，考试，做设计，去旅游……过得很充实、快乐。我很珍惜现在的生活。

你不做网站的时候喜欢做什么？为什么喜欢做？

不做设计的时候，一般喜欢看书、听音乐、散步、烹饪、旅游，还有很多，我是个兴趣广泛的人。做这些可以调整紧张的生活节奏，让身心得以放松。

能谈谈你最喜欢的音乐或是你最欣赏的艺术家吗？

只要音乐的旋律和涵义能打动我，无论是古典、流行、轻音乐，还是另类音乐……我都会很喜欢。

能说说在生活中对你的设计影响很大的一个人吗？

应该是徐珂（www.jokadesign.com）我也是浏览过他的站点后才感到：网页原来可以这样去做，可以那么自由、随意。

你觉得你的站最有价值的地方是什么？

真实，是我生活的真实写照。包含着我的思想、情绪、成长历程，以及对于生活和生命的感悟。我想，它们对于我来说是珍贵的。这种真实质朴，在如今这个浮躁而喧嚣、节奏步伐越来越快的时代里，很容易泯灭。

你最喜欢自己的哪个作品呢？能谈谈它的创作思路吗？

应该是现在这一版设计，是 2000 年 11 月完成的。当时我正面临着生活中前所未有的病痛和挫折，我迷茫、困惑、孤独，并且夹杂着脆弱的情绪。我需要宣泄和表达它们，于是就有了这一版设计。

你觉得你的网站里还有什么令人遗憾的吗？

技术含量不是很高，都是些很简单的制作技巧。

你在做这个站的过程中遇到的最大的困难是什么？你是怎么解决的？

应该是切割图片。解决的办法，当然是自己钻研钻研或者和技术论坛上的朋友探讨。

请推荐给我们你最喜欢的三个站的网址。

www.jokadesign.com
www.rongshu.com
www.designsbymark.com

什么是你理解的设计与艺术呢？你在其中是如何取舍的？

艺术应该是体现生命和灵魂的，它是美好并且纯净的，而只有在我们驾驭了设计的手法时，才有能力去表达和诠释艺术的真谛。做取舍很难，应该还是倾向于让作品保留艺术美感和最大限度的真实性、思想性。

你怎么看待中国网站设计界的现状？

抄袭的现象太严重，创新不够，很多站点都是照搬国外的，体现自己民族文化内涵的站点太少。

想过你的明天吗？你下一阶段的目标是什么？说说看。

明天，多美好的词！能拥有明天是平凡并且幸福的事。我对未来没有过多的憧憬，先做好眼前的每件事吧……下一阶段的目标，应该还是更多地学习知识……

有没有其他话想说说呢？

希望有更多的朋友能对我的设计提出诚恳的意见和建议，大家可以用 E-MAIL 和我联系。我在这里先谢谢大家了。

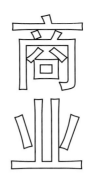

Http://www.macromediachina.com

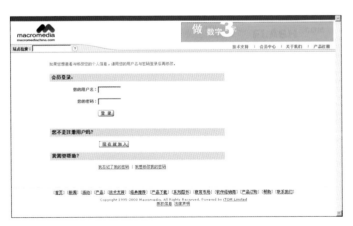

(macromedia)

网址：http://www.macromediachina.com
设计师姓名：周凯

网名：朝代
性别：男
职业：HDT（互动通网络技术有限公司）CS 部门经理
城市：北京

网站介绍：是所属 Macromedia 公司的中文网站。为了更好地开拓中国地区的互动市场，在中国地区更有效地融合 Macromedia 软件的专业人士，在中国地区市场合作伙伴 iTOM 公司的大力支持下，Macromedia 公司特别建立了这个中文网站，并于 2000 年 7 月 8 日正式推出。本站点提供 Macromedia 公司出品软件的学习应用、技术讲解、应用技巧等方面内容，给中国地区的广大用户提供一个强有力的支持。

制作网站的硬件配置：PIII800, 256M RAM,17îLG
制作网站的软件配置：Dreamweaver, Fireworks, Ultradev, Flash, Generator
联系方式：dynasty@itom.com.cn

请问你是什么时候接触网络的？以前你学的专业是什么呢？
1997 年,在此之前学的是财务专业。

你觉得你是一个什么样儿的人呢？
基本上还算个好人,性格开朗。

你现在的生活状态是怎么样的？
生活规律颠倒混乱,很久不知道什么是生活了。

你不做网站的时候喜欢做什么？为什么喜欢做？
听音乐,看书,睡觉。做这些是因为能获得最大的放松。

能谈谈你最喜欢的音乐或是你最欣赏的艺术家吗？
对我来说,只要是好听的音乐、符合我当时心情的音乐,我都喜欢。我不喜欢把音乐或艺术分得那么细,只要是美的东西,就是我喜欢的东西。

能说说在生活中对你的设计影响很大的一个人吗？
可以说没有,也许是天赋,也许是看得比较多吧,自然而然有自己喜欢的设计风格。

大家比较一致地认为中国目前的商业站设计做得不够好，在功能和美感两方面不能达到完美的结合，你怎么看这个问题？
意识问题,中国的设计师们缺乏国外的商业环境培养,而且易走极端,太过于追求自我的表现而忽略商业性。

你觉得自己这个站做得最成功的地方是哪里呢？能谈谈它的创作思路吗？
比较干净,商业感还可以。在设计它的时候,基本的思路就是想做一个比较清爽的商业站点，现在看起来,虽然有很多不足,但是感觉对了。

你觉得你的网站里还有什么令人遗憾的吗？
功能性的地方和 UE 上有很多地方由于时间紧,来不及作仔细考量。

你在做这个站的过程中遇到的最大的困难是什么？你是怎么解决的？
时间紧,人少,想做的东西太多，但无法一时完成,理想和现实总是有差距,这个问题到现在也没得到太好的解决。

请推荐给我们你最喜欢的三个站的网址。
WWW.COOLHOMEPAGES.COM
WWW.MICROSOFT.COM
WWW.NOKIA.COM

什么是你理解的设计与艺术呢？你在其中是如何取舍的？
商业上的设计和艺术都应该为大众服务,为用户服务,如果把设计和艺术分开的话,我想我可以更偏重设计。

你怎么看待中国网站设计界的现状？
意识混乱,盲从和抄袭严重,这需要时间和环境的改变来改善。

想过你的明天吗？你下一阶段的目标是什么？说说看。
我的明天?我不会做一辈子设计的,我希望把设计更好地和商业结合,为商业服务。

有没有其他话想说呢？
我希望看到中国真正优秀的商业设计站点。

 Http://202.108.32.212/legend/legendindex.htm

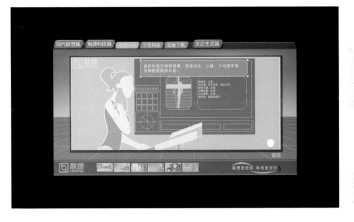

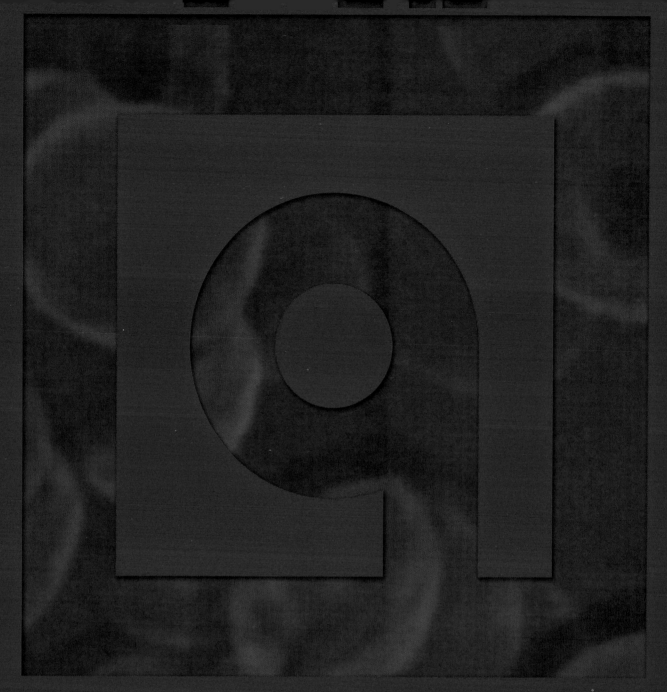

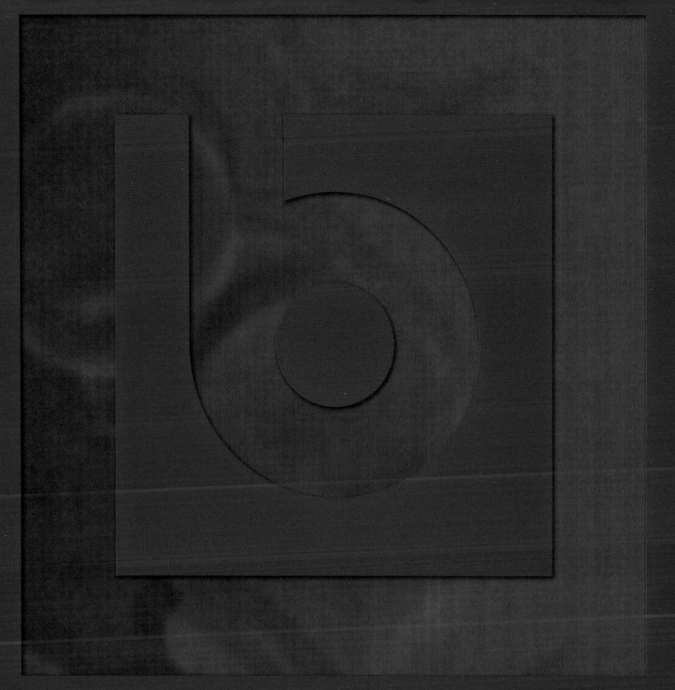

你觉得这个站最成功的地方是哪里呢？能谈谈它的创作思路吗？
当然就是这一，从站点的风格到用户的体验，整个站点中内容大部分都是在一个窗口中完成，一般用户在浏览的时候从第一眼到页个满口，为用户在你的站点上找一个很清晰的导航，这才很重要。

你怎么看待中国网站设计界的现状？
在不断进步发展。

根据你的网站里还有什么会令人遗憾的吗？
网站里加入了一些并没有想到的元素，客户的要求，相信很多设计师都遇过这样的事情。

你觉得设计界有什么对你的设计有最大的一个人吗？
没有，如果有的话也应该是自己，自己走到今将来是自己去摸索出来的。

在做这个站的过程中遇到的最大的困难是什么？你是怎么解决的？
整个工期的控制，主要是在资料的确定上耽误了很多时间。

想过你的明天吗？你下一阶段的目标是什么？说说看。
明天自己可能还会在这个行业，因为它对我有很大的吸引力。

请推荐给我们你最喜欢的三个站的网址：
www.jump-tomorrow.com，www.oocgle.com，www.
typographic56.co.uk

什么是你理解的设计与艺术呢？你在其中是如何取舍的？
设计更多的是把自己的思想灌穿到应用中去，艺术则是生活的一种实践。

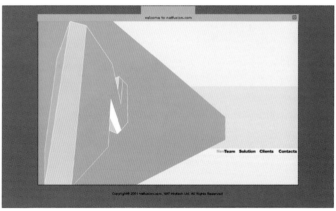

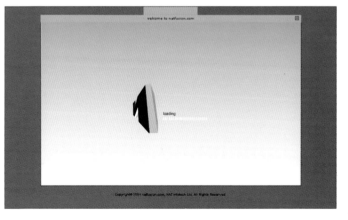

 Http://www.nat.com.cn/backup

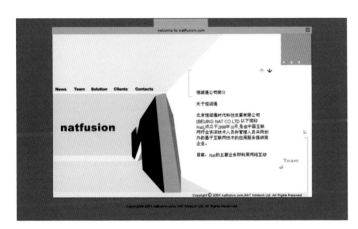

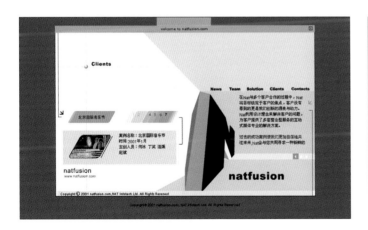

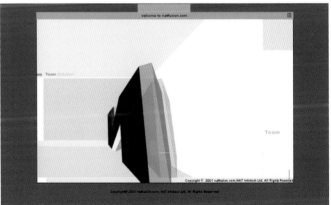

网址: http://www.nat.com.cn/backup
设计师姓名: Roke, Sttiger

网名: Roke, Sttiger
性别: 男
职业: 网站设计师
城市: 上海

网站介绍: 这个网站是我们为北京恒润通时代科技发展有限公司Beijing Natfusion Infotech CO., LTD 设计的网站. 他们成立于 2000 年 10 月.是由中国互联网行业资深技术人员和管理人员共同创办的基于计算机和互联网技术应用软件和服务的提供商。

制作网站的硬件配置: PIII800, 256M RAM, G450, 17ïACER
制作网站的软件配置: Windows 2000, Photoshop5.5, Coreldraw 10, Flash 5, Dreamweaver3, Illustrator 9
联系方式: roke@21cn.com

请问你是什么时候接触网络的？以前你学的专业是什么呢？
Roke:1998 年年中的时候接触网络，以前是学装潢。
Sttiger:1999 年接触的网络，读书，非计算机专业。

你觉得你是一个什么样儿的人呢？
Roke:懒散自由，喜欢听王家卫呓语，喜欢看村上的书，喜欢喝酒的人。
Sttiger:朴实，够朋友，能吃苦，不洗脚，操一口东北话音——大老爷们儿。

你现在的生活状态是怎么样的？
Roke:生活在黑色与白色之间。
Sttiger:工作，睡觉，工作，游戏，打球。

你不做网站的时候喜欢做什么？为什么喜欢做？
Roke:看书，听歌，睡觉，拿着数码相机到处抓拍，泡酒吧……
Sttiger:睡觉，打球，打游戏。

能谈谈你最喜欢的音乐或是你最欣赏的艺术家吗？
Roke:JAZZ，R&B,黑人音乐。
Sttiger:很多，很多。

能说说在生活中对你的设计影响很大的一个人吗？
Roke:joka，第一次看到中、日、英三种语言可以这样混排。
Sttiger:Nabi（小熊），是他带我进入互联网的。

你觉得自己这个站做的最成功的地方是哪里呢？能谈谈它的创作思路吗？
创作的过程主要从公司的角度出发，想运用一些假象三维错觉来进行版面的编排，版面中运用一些很简单的
元素来为内容服务，平面的结果还是比较让人满意的，但是Flash的动态生成中还有些生硬，还有待改进……

你觉得你的网站里还有什么令人遗憾的吗？
Roke:遗憾的是我自己对动态画面过程的理解还欠缺很多。以致于结果和我想象中的不同……
Sttiger:沟通得不够彻底，没有达到最终想要的结果。

你在做这个站的过程中遇到的最大的困难是什么？你是怎么解决的？
Roke:动态的效果过程……
Sttiger:沟通是一个很大的问题。

请推荐给我们你最喜欢的三个站的网址。
Roke:
www.shift.jp.org
www.surfstation.lu
www.h73.com
Sttiger:
www.krening.com
www.linkdup.com
www.cwd.dk

什么是你理解的设计与艺术呢？你在其中是如何取舍的？
Roke:在商业设计中，我尽量避免用非理性思维思考……
Sttiger:呵呵，暂时还没有。

你怎么看待中国网站设计界的现状？
Roke:少说话，多干活，这样比什么都实际。
Sttiger:隔行如隔山……

想过你的明天吗？你下一阶段的目标是什么？说说看。
Roke:读书……
Sttiger:读书……

有没有其他话想说呢？
Roke: 希望明天会更好……呵呵，呵呵。
Sttiger:多学点东西，我想我会成功的。

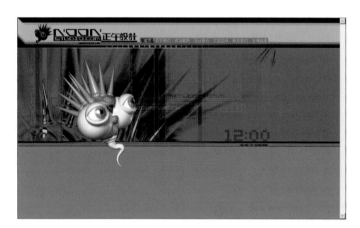

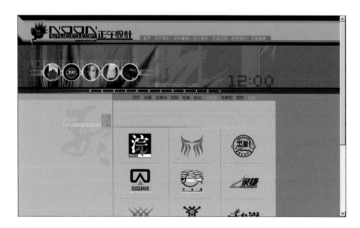

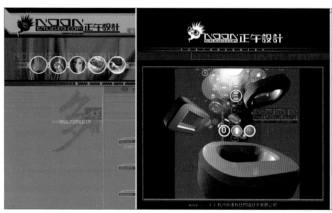

Http://www.noonstudio.com

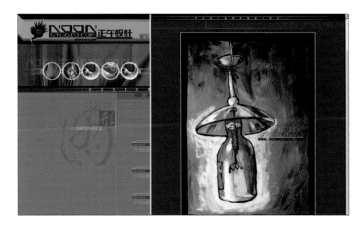

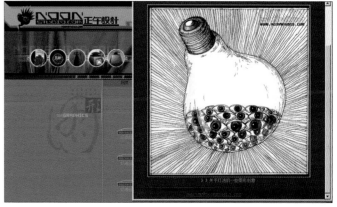

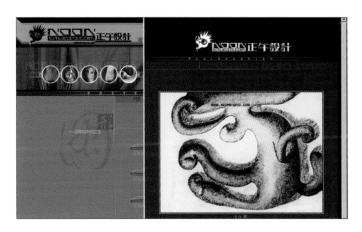

NOON STUDIO.COM

网址：http://www.noonstudio.com
设计师姓名：刘家玮、许格拟

网名：Huhu&Give
性别：男
职业：网页设计师
城市：北京

网站介绍：正午,12点左右,太阳光垂直照射地球表面,气温达到一天中最高数值。我们追求那种最最猛烈、炙热、滚烫的，最具爆发力的，犹如正午阳光般的那种耀眼。传达最前沿的混合媒体风格。如果把我们比喻成一张弓箭，可以这样说：坚实强有力的最前端的互联网技术组成了这座箭弩的强劲基座，准确科学的市场定位是保证命中目标的箭羽，杰出的创意则是确保洞穿标靶的精锐箭头。正午工作室，数字化图像处理的专家，提供从二维到三维的多方位设计，其中包括：网站策划设计、动画、多媒体、招贴、包装、标志 CI、印刷品等。

制作网站的硬件配置：PIII, wacom, epson 扫描仪
制作网站的软件配置：Photoshop, Corel Draw, Flash, Dreamweaver

联系方式：
master@noonstudio.com
Huhu:huhu0118@163.com, oicq:77950827
Give:oicq:42231799, TEL:010-84564696(night)

请问你是什么时候接触网络的？以前你学的专业是什么呢？

Huhu&Give:是上世纪末，以前我们学的专业是平面设计。

你觉得你是一个什么样儿的人呢？

Huhu:很普通，绝对不是那种在人群中被第一眼瞄到的那种（除了我的小三角眼），比较勤劳，较能坚持，少言但非寡言。
Give:傻傻追梦的人。

你现在的生活状态是怎么样的？

Huhu: 比较忙，亦很充实。
Give: 很穷，不充实。

你不做网站的时候喜欢做什么？为什么喜欢做？

Huhu: 听音乐，看电影，听音乐是因为感觉少不了音乐，看电影是因为喜欢电影（非某个导演或某部影片），事实上看的东西很多了，但从未记住过是谁导演。
Give: 喜欢做DJ，因为可以创造东西，我喜欢创造性的事。

能谈谈你最喜欢的音乐吗？或是你最欣赏的艺术家？

Huhu: 事实上我听的东西很杂，喜欢很多东西，最近特别喜欢听小孩子们的歌（童声合唱）那种声音很清醇、透彻，当你闭上眼睛的时候，它来自天堂。
Give:techno,rave,kiroro的《长久以来》专集，日本DJ石井贤是我较欣赏的。

能说说在生活中对你的设计影响很大的一个人吗？

Huhu: 我的一位专业老师，从他那知道了怎样学习，大学四年仅此一位，足矣。当然也很感谢别的老师的谆谆教诲。
Give: volumeone公司的Matt Owens的设计风格曾经影响我一段时间。

大家比较一致地认为中国目前的商业站设计做得不够好，在功能和美感两方面不能达到完美的结合，你怎么看这个问题？

Huhu:这是个必然的过程，整个社会的发展是由低往高逐渐推进。不是因为我们没有好的设计人，而是因为好的客户实在太少了。在设计人自身素质提高的同时更有待于我们整个社会的商家客户素质的提升。"客户第一"，"一切以客户为中心"的思想永远是对的，也永远是错误的。全心全意为客户服务是设计人的本职，但一味地迎合客户则是设计人屈膝奉承、沦为工具的一种悲哀。给客户一些真正好的建议，试图去说服你的客户接纳你的好创意。
Give:好的作品应该是团队精神的体现，分工协作、默契配合才能做出功能和美感完美结合的作品。

你觉得自己这个站做得最成功的地方是哪里呢？能谈谈它的创作思路吗？

Huhu&Give:这个站算不上成功，比较满意的是那个吉祥物，还有那个盒子，吉祥物代表正午的形象，盒子为潘多拉的神秘盒子。

你觉得你的网站里还有什么令人遗憾的吗？

Huhu&Give:没有完全表达正午的形象，网络的感觉不够。

你在做这个站的过程中遇到的最大的困难是什么？你是怎么解决的？

Huhu&Give:如何把意念表达出来，我们的解决办法是不断地尝试，包括技术、形式等。

请推荐给我们你最喜欢的三个站的网址。

www.volumeone.com
www.eboy.com
www.yimeng.org

什么是你理解的设计与艺术呢？你在其中是如何取舍的？

Huhu:把要表达的东西换一种更好的方式说出来。
Give:没什么好区分的，我觉得我的东西算不上艺术，最多也只能说是有点艺术性的设计，设计是提供传达与沟通的，没有多余的时间去艺术，纯艺术是没饭吃的。

你怎么看待中国网站设计界的现状？

Huhu:希望能有更多做设计的同行加入到这个领域，共同促进网络设计。
Give:百家争鸣，五彩缤纷，但与国外有很大距离。

想过你的明天吗？你下一段的目标是什么，说说看？

Huhu:目标已经有了，正在寻找实现目标的途径。
Give:没想过。下半年多参加些比赛，见见世面，让设计生活变得刺激点。

有没有其他话想说说呢？

Huhu:喜欢电影，是因为它的"运动"和"声音"。喜欢网络多媒体也是因为它的"运动"和"声音"，同样诱人但比之电影更容易实现。
Give:国内的设计师应该多多交流。

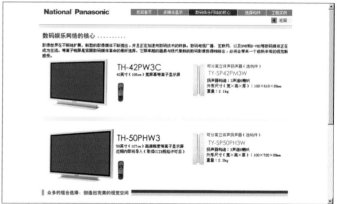

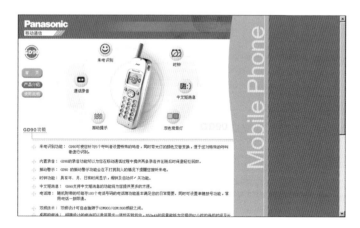

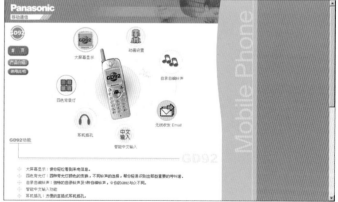

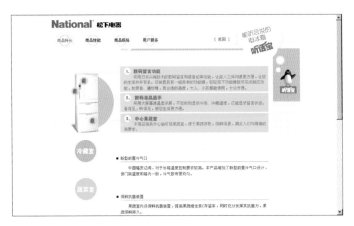

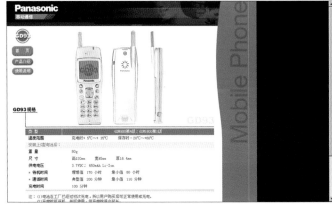

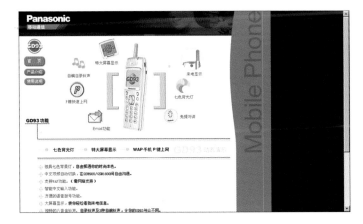

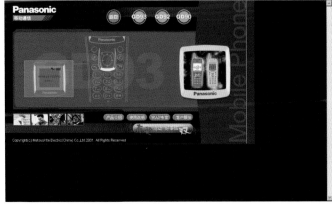

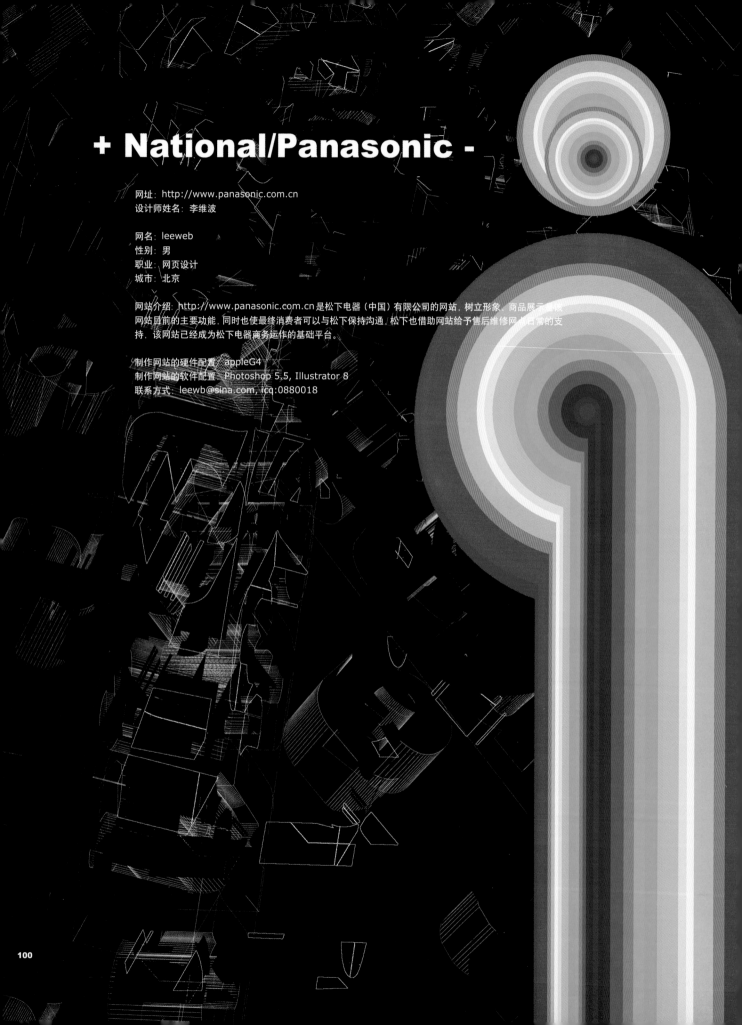

+ National/Panasonic -

网址：http://www.panasonic.com.cn
设计师姓名：李维波

网名：leeweb
性别：男
职业：网页设计
城市：北京

网站介绍：http://www.panasonic.com.cn 是松下电器（中国）有限公司的网站，树立形象、商品展示是该
网站目前的主要功能，同时也使最终消费者可以与松下保持沟通，松下也借助网站给予售后维修网点日常的支
持，该网站已经成为松下电器商务运作的基础平台。

制作网站的硬件配置：appleG4
制作网站的软件配置：Photoshop 5.5, Illustrator 8
联系方式：leewb@sina.com, icq:0880018

请问你是什么时候接触网络的？以前你学的专业是什么呢？
最初接触网络是 1995 年在日本，真正进行网页设计是在 1999 年。我的专业是平面设计。

你觉得你是一个什么样儿的人呢？
我觉得自己是性格开朗的人，喜欢开玩笑，但是工作还是很认真的。

你现在的生活状态是怎么样的？
8 个小时工作（有时候要加班），应该算一个较有规律的公司职员。

你不做网站的时候喜欢做什么？为什么喜欢做？
不做网站的时候，有时候会去运动一下，喜欢打羽毛球、保龄球、游泳……有假期的时候出去旅游。这样可以放松自己。

能谈谈你最喜欢的音乐或是你最欣赏的艺术家吗？
比较喜欢中国传统的民乐，听着能让我放松，也能让我安静下来。

能说说在生活中对你的设计影响很大的一个人吗？
我母亲，如果不是她支持我学美术，估计我也进不了这行。

大家比较一致地认为中国目前的商业站设计做得不够好，在功能和美感两方面不能达到完美的结合，你怎么看这个问题？
我觉得设计师的因素大一些，很多设计师在抱怨中文的设计不好做，客户不合作等，但是反过来想设计师的任务就是要在体现功能的同时美化页面，毕竟是属于商业美术，所以不能总是按照自己的意愿去设计，只有客户和自己都满意的设计才是好的作品。所以我的经验就是多和客户沟通，真正站在客户的立场上去设计。（也可能是我赶上了好的客户。）

你觉得自己这个站做得最成功的地方是哪里呢？能谈谈它的创作思路吗？
最成功的地方应是在首页上对于公司的形象和产品两者的表现上。思路谈不上，只是简单朴素的风格满足了客户的需求，也满足了自己。

你觉得你的网站里还有什么令人遗憾的吗？
因为有周期性的改版，所以有的地方在视觉的连续性上不是很好。

你在做这个站的过程中遇到的最大的困难是什么？你是怎么解决的？
最困难的地方应说是网站的结构方面，当初在做这个项目的时候，和公司的其他同事一起分析，和客户沟通，使得这个网站在基础上很扎实，所以以后做起来也就得心应手了。

请推荐给我们你最喜欢的三个站的网址。
www.amazon.com
www.sina.com.cn
www.cwd.dk

什么是你理解的设计与艺术呢？你在其中是如何取舍的？
我理解的设计是一种商业行为，就是为客户服务、让大多数人接受的美术。它可以将某种产品或是某条信息清楚明了地展现给用户。而艺术则是从自己的意愿出发，表现自己的想法和比较个性的东西，不用考虑别人是否能够接受（当然最好能接受）。我个人觉得我目前的职业决定了我是在做商业美术，在做商业美术的同时融入一些自己的艺术，让设计不只具有商业作用，而是同时具有艺术的观赏性。

你怎么看待中国网站设计界的现状？
中国的网站设计目前还属于创新少、模仿多的阶段。还需要一批思路广、基础好、敢于创新的人才。

想过你的明天吗？你下一阶段的目标是什么？说说看。
想过。近期的目标嘛，就是多做一些东西，多积累一些经验。再远的目标还没有想出来。

有没有其他话想说呢？
希望设计师们互相多沟通，共同进步。

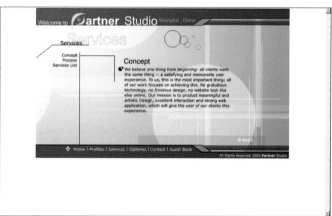

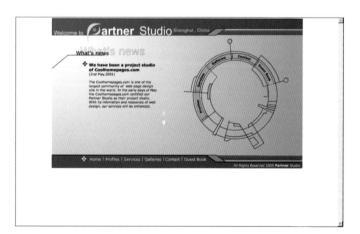

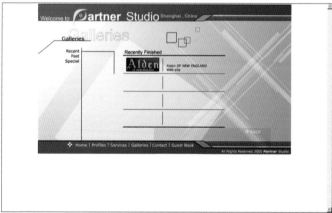

Http://www.partner-studio.com

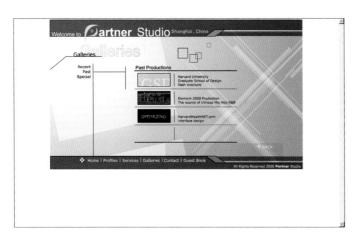

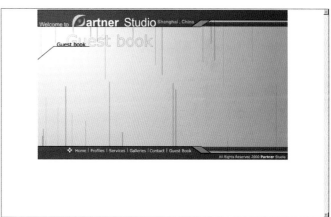

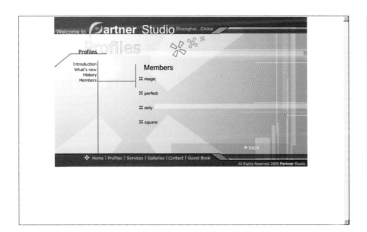

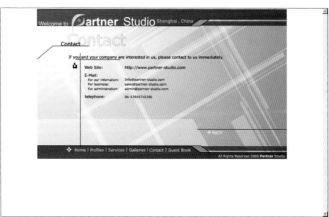

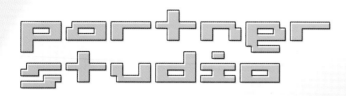

网址：http://www.partner-studio.com
设计师姓名：Partner Studio

网名：主要由四人创办，分别为 Hawaii,Only,Amings,Magic
性别：男
城市：上海

网站介绍：主要是展示整个工作室的创意理念和技术水平以及近况

制作网站的硬件配置：PII400, 128M RAM
制作网站的软件配置： Flash, Photoshop, Illustrator
联系方式：
jicun@partner-studio.com (Hawaii)
leih@citiz.net (Only)
amings@partner-studio.com (Amings)
chengji@online.sh.cn (Magic)

请问你是什么时候接触网络的？以前你学的专业是什么呢？

1997 年 7 月，于复旦大学学习计算机及应用（Hawaii）；1998 年 10 月，于复旦大学学习计算机及应用（Only）；1999 年初，于华东师范大学学习物理学（Amings）；1997 年，于上海大学学习食品化学（Magic）。

你觉得你是一个什么样儿的人呢？

充满激情，喜欢简单自由，感受接触新事物，还算善良吧。

能谈谈你最喜欢的音乐或是你最欣赏的艺术家吗？

R&B 和拉丁曲风的音乐（Hawaii），目前最欣赏的是 MISIA（Amings），R&B 和 Blues 曲风的音乐（Only）。

能说说在生活中对你的设计影响很大的一个人吗？

生活中的点滴和那些网上知名未谋面的人。常藤宽和的网站(Nagafuji.com)影响蛮大。

大家比较一致地认为中国目前的商业站设计做得不够好，在功能和美感两方面不能达到完美的结合，你怎么看这个问题？

由于过去的一些日子里通过我们网站找我们设计的公司不是很多，这主要由于我们的资金太少了，宣传力度也不很大，所以它真正的价值一直没有发挥出来。

你觉得自己这个站做得最成功的地方是哪里呢？能谈谈它的创作思路吗？

下一个作品。创作思路已在脑海中。

你觉得你的网站里还有什么令人遗憾的吗？

没有好的声效配合。

你在做这个站的过程中遇到的最大的困难是什么？你是怎么解决的？

细节问题，要把这么多细节问题做得相对完美真的很难。

请推荐给我们你最喜欢的三个站的网址。

www.coolhomepages.com
www.apple.com
www.adobe.com

什么是你理解的设计与艺术呢？你在其中是如何取舍的？

我们一直认为自己是搞设计的，不是搞艺术的。但设计离开了艺术就没有了生命。

你怎么看待中国网站设计界的现状？

进步实在太快了。但与国外还有一段距离，主要在创意方面。

想过你的明天吗？你下一阶段的目标是什么？说说看。

能够成为顶尖的工作室，就像香港的 IDN。另外,我们还在不断地吸收各方面的精英以扩大自己的实力。

Http://www.sonystyle.com.cn

SONY
Sony Style

网址: http://www.sonystyle.com.cn
设计师姓名: Jeremy Ball

网名: Jeremy Ball
性别: 男
职业: 创意总监
城市: 上海

网站介绍:
客户: Sony China 类型: 电子购物 在线社区 客户支持启动日期: 4 月 18 日 发布日期: 6 月 20 日

请问你是什么时候接触网络的？以前你学的专业是什么呢？
我是1996年开始接触网络，University of Victoria比较早就开始提供新媒体的有关培训和设备。我就拿了这个补充我的文科（专业是亚洲研究）和传统艺术方面的教育。

你觉得你是一个什么样儿的人呢？
据说我是一个工作狂，但是我自己好像没有意识到。

你现在的生活状态是怎么样的？
好。衣、食、住、行都很正常。

你不做网站的时候喜欢做什么？为什么喜欢做？
看书、看电影、旅游，还有锻炼身体。

能谈谈你最喜欢的音乐或是你最欣赏的艺术家吗？
喜欢各种各样的音乐。看我在做什么。大部分都是国外的。

能说说在生活中对你的设计影响很大的一个人吗？
最终用户。

大家比较一致地认为中国目前的商业站设计做得不够好，在功能和美感两方面不能达到完美的结合，你怎么看这个问题？
"结合"这个词用得很对。不但是功能和美观的协调，也是设计师和客户之

你觉得你的网站里还有什么令人遗憾的吗？
永远可以做得更好，但是没什么遗憾的。

你觉得自己这个站做得最成功的地方是哪里呢？能谈谈它的创作思路吗？
也是在这些方面：客户的商业目标、最终用户的需求和期待与互动媒体特性的融合。创作思路就是从这三方面出发的。

你在做这个站的过程中遇到的最大的困难是什么？你是怎么解决的？
是我第一次做Microsoft的eCommerce Server 2000前段开发，每次遇到新的平台需要调整设计思路。

请推荐给我们你最喜欢的三个站的网址。
hmmmmmm....推广型：www.bmwfilms.com。企业型：www.microsoft.com。服务型：www.amazon.com

什么是你理解的设计与艺术呢？你在其中是如何取舍的？
设计是为了解决别人的问题，艺术是为了解决自己的。

你怎么看待中国网站设计界的现状？
有一点……忙乱。人要意识到的是有时候不做的比做的还重要。

想过你的明天吗？你下一阶段的目标是什么？说说看。
想过。我想找机会做更多的动态的作品——动画、视频等。最开始给企业做，但希望越来越多的客户来找我而不是我去找他们。

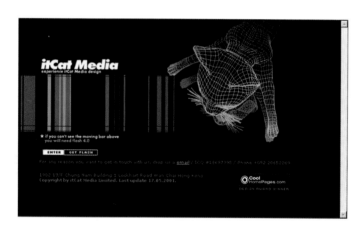

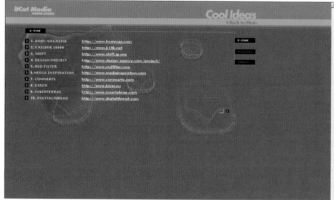

Http://www.itcatmedia.com

网址：http://www.itcatmedia.com
设计师姓名：Stephen Lo

网名：itCat Media
性别：男
职业：创意总管
城市：香港

网站介绍：ItCat Media 的创作宗旨以 "简约主义" 为依归. 我们会利用所有力量,包括在设计专业上得到的技术及经验,把社会人士眼中的事物由平凡转为不平凡。

制作网站的硬件配置：Mac G4 450, 256M RAM
制作网站的软件配置：Photoshop 5.5, illustrator 8, Flash 4, Dreamweaver 3, Poser 3
联系方式：stephen@itcatmedia.com, ICQ:18697795, TEL:852 28652269

请问你是什么时候接触网络的？以前你学的专业是什么呢？

最初接触网络大概是 4 年前, 当时我在澳大利亚的高校上课. 做网页只是因兴趣, 没有上任何的网页设计课程. (我想当时还没有呢!)只是不断参考其他网站的设计来学习. 那时的网页十分简单, 没有什么 Flash 和其他网页制作软件, 只能用自己写的 HTML, 加上下载速度非常慢. 所以当时的网站是根本没有什么设计可言. 我的第一个网站只用文字和一些简单的 GIF 动画来做设计, 但可以说是非常 "先进" 的. 那时我在想, 究竟到了多少年后, 网页才能做得和电视一样有声音, 能做不同的动画? 怎也想不到只在短短几年间, 空想就变为现实. 更想不到以前的一趣更成为我现在的一份.

你觉得你是一个什么样儿的人呢？

我觉得是一个比较少说话, 但喜欢尝试一些新事物的人. 可能是性格的关系, 所以我少年时代花了很多时间在电脑上. 尤其是在网上, 每日如此. 我本身不是很喜欢设计的人, 小时候的梦想是成为一个天文学家, 但当我开始做网站的时候, 总是喜欢加入一些设计令它吸引人. 我常有一个想法, 就是希望做出来的东西和别人的不同. 很喜欢其他人说 "这和其他不同, 很特别!" 就是这想法令我不断研究做一些吸引人的设计. 可以说现在喜欢做设计, 都是因为接触了网络.

你现在的生活状态是怎么样的？

现在开了自己的设计公司已一年多, 生活过得非常忙碌. 与打工的时候相比(我曾做了二年创意总管), 空闲的时间的确少了很多. 虽然苦, 但多了很多机会去接触一些之前自己不会做的事, 例如找生意, 管理员工(现在有十多位员工), 还要想办法不断提升公司职员的设计素质. 我想得到的最大回报是自己学了很多设计以外的东西. 例如最近我们公司和一位客户制作网站, 他们有一个还没推出的产品, 想用网络来做市场调查. 一般市场的做法是建立一份网上问卷, 不过我们想了一个更有效的方案. 我们先做了一个和产品相关的网上游戏, 每次游戏完成便会自动收集玩家的各种资料. 因为游戏本质是和产品相关, 所以我们便和一间市场调查公司合作, 把这些资料作分析和报告. 最后这间公司便利用我们所做的调查结果, 更改产品和决定推销的方案. 因为市场的需要可令我们公司变成能顾及制作以外的工作. 所以我想我们不时要学习新的东西来配合市场的需要.

你不做网站的时候喜欢做什么？为什么喜欢做？

一有空便会在家里打游戏机, 看电影, 有时会到郊外. 大概是香港太多人了, 所以都不愿跑到街上. 有时看一些其他类型的设计书, 例如广告设计. 希望能吸收多一些新的设计灵感.

能谈谈你最喜欢的音乐或是你最欣赏的艺术家吗？

我不是对音乐有太大的兴趣, 现在主要都是听些本地主流音乐. 但几年前我曾十分喜欢英国的 U2 和 Gavin Friday (不认识这位歌手的朋友很多, 他是一位英国另类音乐创作人). 尤其是 Gavin Friday, 因为他不单是一位音乐家, 他还做很多设计艺术, 所以特别喜欢他的音乐作品.

能说说在生活中对你的设计影响很大的一个人吗？

在开始做网站的初期, 我常参考 Clement Mok 的设计. Clement Mok 是一位早期的多媒体设计师, 他主张的 Information Design 是要如何令使用者很容易地找出所需要的资料. 现在每天都会去看些新网站的设计. 看到喜欢的, 便会记下来, 留作参考.

大家比较一致地认为中国目前的商业站设计做得不够好, 在功能和美感两方面不能达到完美的结合, 你怎么看这个问题？

我在大部分的中国商业网站当中, 都发现一种通病, 便是排列太密, 空白的地方太少. 这种制作的方向不令令设计的发挥大大减弱, 最大问题是在页面上没有地方可使浏览者的眼睛集中注意力(Attention). 而且, 网络上可使用的空间可以说是无限大, 相比之下传统媒体例如报纸, 要在有限的页面上排上最多的资料, 但网页的设计不应该如此. 只要网页上的资料排列清楚, 留足够的空间, 令浏览的人看得舒服, 功能和美感会很自然地互相协调.

有没有其他话想说呢？

其实要成为一位出色的设计师是不难的, 一定要不怕别人批评自己的作品. 因设计是给别人看, 不像是留给自己的艺术. 最重要是自己有兴趣, 它会成为一种推动力, 使你不断改变自己的设计, 从而使你的设计成为最好的.

你觉得自己这个站做得最成功的地方是哪里呢？能谈谈它的创作思路吗？

除了自己公司的网站, 最满意的是和香港电影导演李力持先生做的 TAILIK.COM (http://www.tailik.com/). 现在设计沿用了一年多了(但我想在这本书发行时, 新的设计已经出台了), 但也为我们公司得了不少奖项. 而李导演也给我们在设计上有很大的自由度, 所以在制作过程中也很顺利. 在制作网站时, 我们先了解浏览网站的人主要是 16-25 岁的青年. 我们希望设计上可以做得年轻和有趣, 符合潮流, 但又不能太 "小孩"; 另一方面因为是一个资讯网站(逾 2000 多页以及每天有 10 页新内容), 一定要用上内容资料库系统(Content Management System), 所以设计上有了一定的限制. 因为有了内容资料库系统限制和顾及浏览者找资料的方便, 网站每页的排列上不能太多变化, 但我们不希望令人觉得闷. 我们的解决方案是在不同网站的区域上用不同颜色和插图, 甚至网站的 LOGO (其实是一头牛, 但用上不同打扮)也不相同. 由于每页的排版很相似, 所以整个网站看来风格也比较一致. 其实我对很多自己的作品都很满意, 如您有兴趣可上我们的网站看看.

你觉得你的网站里还有什么令人遗憾的吗？

最遗憾的是网站不是常常更新、内容不是太多. 但我现在已开始制作一些新内容, 形式会像一 杂志, 主要是提供一些设计资源.

你在做这个站的过程中遇到的最大的困难是什么？你是怎么解决的？

我相信我们做网站设计的水准和技术都可满足大部分客户需要. 其主要的困难大概是要 客户了解和接受我们的 作理念. 我想很多设计公司都会有相同的问题, 有时我们做出的设计和客户所想有些出入, 所以在每次开始制作新的网站时都会花一 段时间去了解 他们 需要, 然后为这些需要制成一份资料报告, 留给我们和客户在制作过程中作为参考.

请推荐给我们你最喜欢的三个站的网址.

www.coolhomepages.com
www.cnet.com
www.macromedia.com/showcase

什么是你理解的设计与艺术呢？你在其中是如何取舍的？

我觉得设计和艺术是不同的. 艺术是为自己去创作来表达个人的感觉, 可以 是自己喜欢 流行, 但设计是要做一些能令人容易地去理解其中的意思的创作. 举一个简单的例子, 如果想表达一只猫, 设计师可能会画上猫的面貌或一些猫爪, 总之能令人 看 想想起一只猫, 但如果找了艺术家毕加索先生表达一只猫, 他可能画上几个正方形表现他所看见的猫的面貌. 大家都是去表达同一东西, 甚至可能用同一 工具, 但他们想表达的目的不同, 所以结果不会是一样的.

你怎么看待中国网站设计界的现状？

现在我所看到的水准比一年多前进步得多, 而且发展速度也很快, 但与外国的水准相比还有相当的距离. 现在看到很多中国的网站都是模仿国外的设计, 其实如果要有特色就先要和别人不同, 例如日本的设计, 它们很有自己的风格(例如漫画方式和粉紫色风格).

想过你的明天吗？你下一阶段的目标是什么？说说看.

我希望在今年底能把业务拓展到国内或东南亚, 能和更多公司合作, 同时也希望多一些有能力的设计师和技术人员加入我们.

艺术与实验

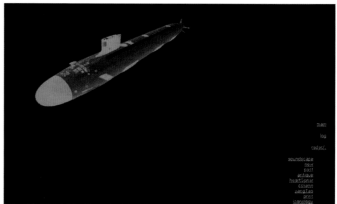

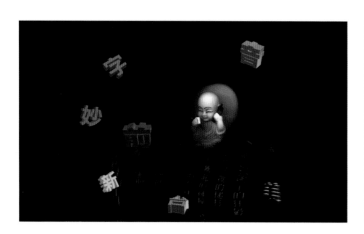

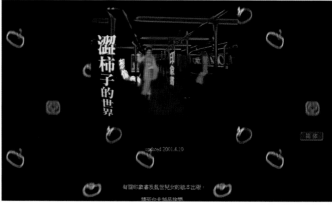

Http://www.sinologic.com

118

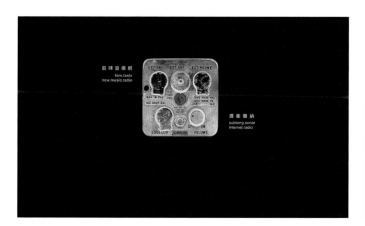

网址：http://www.sinologic.com
设计师姓名：姚大钧、曹志涟

网名：新逻辑实验艺文网
性别：男
职业：作曲家、作家
城市：美国加州柏克莱

sino:-)ogic

网站介绍：
新逻辑艺文网是由七个具有高度实验性的文学、艺术、音乐、理论网站组成，包括曹志涟的涩柿子的世界（实验文学、超文本文学、新历史小说）、非常美学（文艺批评理论创作网上杂志）；姚大钧的文字具象（纯汉字艺术，妙缪庙（网络艺术，具象诗）、前卫音乐网（当代新音乐评论／讨论）、前味音乐电台（听觉艺术最前线的广播节目，目前在国内各大城市电台播出，并有在线聆听）、音乐具象（出版发行实验音乐）。

制作网站的硬件配置 Macintosh PowerMac G3, PowerMac 7100, PowerBook G3, iBook, scanners (Umax, Nikon, Canon), Kodak digital camera
制作网站的软件配置：Photoshop, Texturescape, Strata 3D, Kai s PowerTools, GoLive, Tex-Edit, GifBuilder, Flash, Director, Peak
联系方式：dajuin@sinologic.com

请问你是什么时候接触网络的？以前你学的专业是什么呢？

大约1986年开始上网，那时是玩最早期的 BBS 和学术网、学术资料库等，1996年开始自己做网站。在学校里的专业包括航空工程，英美文学，西洋、中国、日本、印度艺术史。不过真正的专业一直是音乐。

你觉得你是一个什么样儿的人呢？

本来就很难说，尤其在网络时代，网上呈现的虚拟个人不见得是本人。

你现在的生活状态是怎么样的？

活着。

你不做网站的时候喜欢做什么？为什么喜欢做？

创作实验音乐，因为那是我的本行正事。另外，抽烟斗、品尝各地大小餐馆。为什么？因为享受。

能谈谈你最喜欢的音乐或是你最欣赏的艺术家吗？

我是作曲者，也是电台音乐节目制作人，经过我耳朵的东西太多，所以要谈单单喜欢哪种音乐不太可能。不过，深层上，最着迷北印度音乐；表层上，什么种类对我不重要，我爱挖掘每个乐派的最精彩的作品，不管它是否为人们所赏识。我是研究艺术史的，对于艺术家个人并没有太多的情感依恋。我对原创艺术的狂热是整体的，喜欢看艺术的大小潮流，个别的好作品，更包括名作，更包括逸品，不论出自名家还是无名氏，从《富春山居图》，《六君子图》（倪云林）、《早春图》《怀素自叙帖》，到众多中、日、印度各国的佛教造像。不过，非要举出一个人来的话，明末人物画家陈洪绶（陈老莲）可说是与自己最契合。

能说说在生活中对你的设计影响很大的一个人吗？

恐怕还是那句话，很少受某个人的影响。一个人一生所受的影响是很多片面组成的。个性定型之后，影响自己最深的恐怕还是自己。就视觉设计来说，我们每人眼前都浮过太多别人的作品，但真正影响内心的，有决定性的，还是自己的性向。至于外层的技术，我想我们大家都一样，到处学习，跟人人学。

你觉得你的站最有价值的地方是什么？

反抗模式思考，包括那些企图反抗模式的思考方式；自我批判。

你最喜欢自己的哪个作品呢？能谈谈它的创作思路吗？

就网站上的创作来说，可能是"妙缪庙"里的《龙安寺枯山水静坐》、《北京话声调的运动之研究》，还有"文字具象"里的《生态球》。《龙安寺》是很早的创作，用最简单、最原始同时体积最小的 GIF 动画技术表现一个纯粹很超越又很有诗意的概念，也是我对龙安寺禅院那谜般的十五块石头的反想。一般学者面对龙安寺枯山水石院这个日本美学、禅艺术的终极代表作时总是作一些传统美术史的象征诠释，但我对这种叙述性的牵强附会全无兴趣。对于我，龙安寺枯山水是一个不应以白话翻译的超越时空的公案，但它更是一个活的极喜的顿悟，在我这个小创作里就反映了这种无言无语的渐悟、顿悟的过程，可以是内在心境，也可是外在四时的移转。《北京话声调的运动之研究》是反理性思维的下意识作品，里面全无声响，但又从头到尾充满中国语音。这件东西只有中国人能看得懂。大概也是我最有代表性的一个创作吧。《生态球》是我对未来中国文字艺术所做的有机实验系列之一，也代表了我自己最感兴趣的视听多媒体艺术方向。这些东西只有运用到时间坐标才具有变幻特性，而网络多媒体就提供了这个可能，更提供了跨空间的瞬间传播的可能。

你觉得你的网站里还有什么令人遗憾的吗？

没有下太多功夫在网站视觉设计上：第一我不太讲究网页设计，因为主要心力放在内容作品的构思上；第二没有足够时间。这些网站其实像是公开的实验室，我只对研究新的概念有兴趣，不太注重完成品的打扮修饰，因为我无意以它们牟利或放到画廊展出。

你在做这个站的过程中遇到的最大的困难是什么？你是怎么解决的？

最大的问题大概是无法不断地更新，因为我们有八九个不同性质的网站，很难每一个都照顾到，所以到处留下一个个遗址。没有解决的办法，可能只会不断地开辟新网站、新网址。

请推荐给我们你最喜欢的三个站的网址。

www.m9ndfukc.com
www.8gg.com
www.worldtune.com

什么是你理解的设计与艺术呢？你在其中是如何取舍的？

艺术是反设计。这是基本区别。虽然两者在外貌上及手法上极为相似，但主要的分别在于出发点和作者的内在关切。艺术可以是反抗一切，不受任何约束的，而设计，由于它的实用性甚至商业目的，必须顾及一件作品的完整性、亲和性及讨好性。对两种作品我都常注意，但是我深切觉得今天的设计似乎变成一种在某个范围内很规矩很守法的局部创作行为，一件作品公认好，只是因为它具有了某种世界（西方）主流的品味或思考模式。但真正严重的问题是，回过头来看前卫艺术，其实恰恰也是同样的情况。现有西方创作语言及公式主导创作及欣赏的现象让人怀疑今天是否仍有先锋实验艺术（例如行为艺术这种创作模式）。所以今天，尤其在网络设计及网络艺术方面，两者渐趋同化。艺术也不过是一种设计。当然，察觉到这种规格化，自己在创作时难免就得想法去破格。至于具体怎么做，也就是我们日夜在想的问题。另外网络创作也有一个好处，一项优势，就是它的即时可变性，我们可以随时更换修改撤消自己的设计，这也是传统设计者与艺术家从未享受过的甜头。

你怎么看待中国网站设计界的现状？

非常蓬勃。虽然目前有一部分难免还是在一种所谓全球性而实际上是西方某一特定设计群体的风格笼罩之下，不过，网络将来是这个社会演变的最大焦点和希望，所以网站设计终究也会走出自己的路。

想过你的明天吗？你下一阶段的目标是什么？说说看。

突破、突破、突破。

有没有其他话想说呢？

欢迎朋友们收听我们的前味音乐网／潜卫声纳电台节目：www.subborg.com。

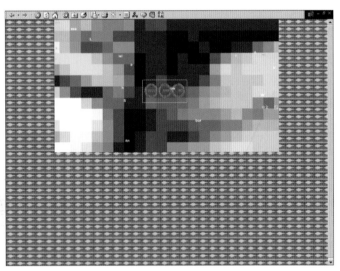

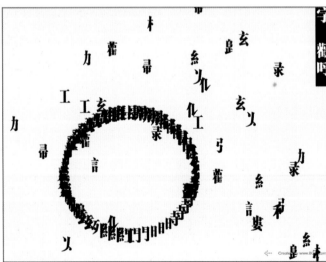

Http://www.8gg.com

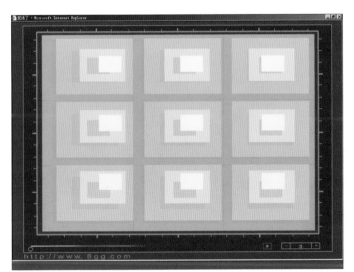

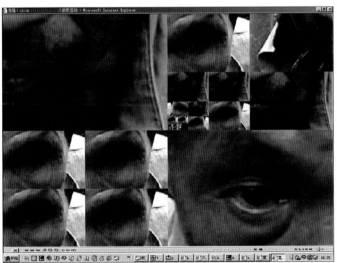

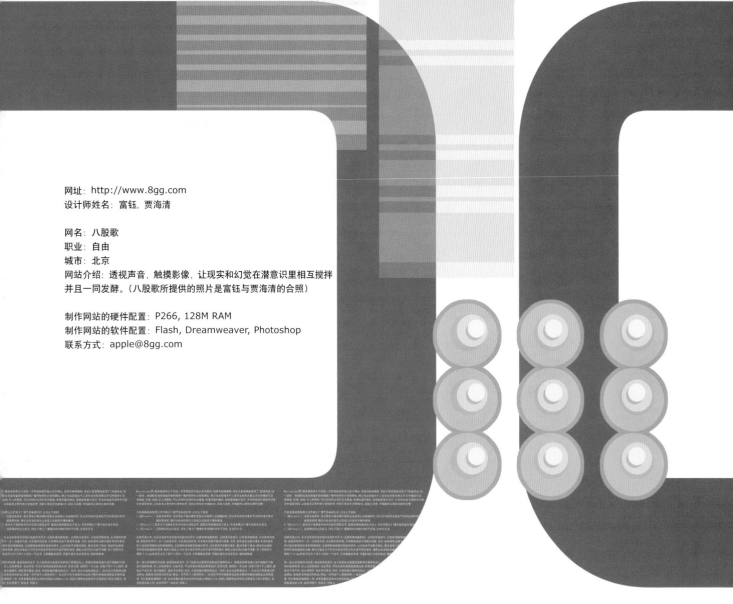

网址：http://www.8gg.com
设计师姓名：富钰，贾海清

网名：八股歌
职业：自由
城市：北京
网站介绍：透视声音，触摸影像，让现实和幻觉在潜意识里相互搅拌并且一同发酵。（八股歌所提供的照片是富钰与贾海清的合照）

制作网站的硬件配置：P266, 128M RAM
制作网站的软件配置：Flash, Dreamweaver, Photoshop
联系方式：apple@8gg.com

请问你是什么时候接触网络的？以前你学的专业是什么呢？

1996 年，地理。

你觉得你是一个什么样儿的人呢？

富钰：贾海清首先是一个在富钰的深远影响下无限快乐的人，同时是一个心底清澈、想象力永远不被束缚的人，另外还是一个独一无二的互动思维天才，一个未经任何音乐体制污染的潜在的实验音乐高手，当然，她还同时会用鼠标和菜刀。

贾海清：富钰是一个 *:(_ *_: & ___ : __, .>:::::;>::::::### -### - ###< <:::::::< ::::::_: ###_#_#_! ***$##.##*** ##__! $###.##, __ $###.## $###.##, $##. ##. ##.## (_& 的人。

你现在的生活状态是怎么样的？

富钰的生活状态是上班、下班，闲暇陪客户吃饭；贾海清的生活状态是上网、下网，闲暇给富钰做饭。

你不做网站的时候喜欢做什么？为什么喜欢做？

贾海清：做饭，因为富钰喜欢吃饭。

富钰：吃饭，因为贾海清喜欢做饭。

能谈谈你喜欢的音乐或你最欣赏的艺术家吗？

富钰：一切有趣和有想象力的音乐，比如胡个个的《人人都有小板凳……》和《一巴掌打死七个》，比如 Dextro 的那些奇怪的声音 LOOP，比如 Avatar 的 La Semaine Avatarienne。

贾海清：所有富钰写给我的情歌里面人声以外的部分。

能说说在生活中对你的设计影响很大的一个人吗？

贾海清：富钰。

富钰：尽管我不愿意承认，但实际上确实是我的老婆贾海清。

你觉得你的站最有价值的地方是什么？

贾海清：它是我们生活和兴趣的一部分，值得庆幸的是还不是全部。

富钰：最有价值的地方在于我们的网站没有成为广大网虫津津乐道的技术谈资，也没有成为各类 "酷" 网排行榜的座上宾，更重要的是，不喜欢他的人比喜欢他的人在数量上多出好几倍。

你最喜欢自己的哪个作品呢？能谈谈它的创作思路吗？

贾海清：《字欢呼》，对汉字的着迷是由来已久的，《字欢呼》的创作过程就好像作品所呈现的，"文字解散了、逃逸了、优化组合后、消失了，又出现了"。在作品几乎完成的时候我们才意识到汉字仅仅是被借用的一个载体，与意义无关 与人文无关，与意识形态无关。

富钰：《飞越人民广场》，我喜欢用简单的方法把最寻常、最司空见惯的东西变得面目全非。看起来很迷幻的背景事实上来自我们的一次旅行经历，那确实是拍摄的一个叫做 "人民广场" 的照片。最终完成的这个作品能让我自己玩一整夜。

你觉得你的网站里还有什么令人遗憾的吗？

做作品的速度远远落后于想作品的速度，太多的概念等着付诸实现。

你在做这个站的过程中遇到的最大的困难是什么？你是怎么解决的？

最大的困难是富钰对网站更新一事热情很高，但一直没有更多的时间；贾海清有充足的时间，但对网站更新一事热情很低。这一矛盾到现在都没有很好地解决。

请推荐给我们你最喜欢的三个站的网址。

www.sinologic.com/indexc.html　　新逻辑艺文网 SinoLogic Arts Collective

www.unosunosyunosceros.com　　无意识数字美景 unosunosyunosceros

members.ams.chello.nl/mulder.g 多媒体影像垃圾

什么是你理解的设计与艺术呢？你在其中是如何取舍的？

设计和艺术是完完全全不一样的两样东西。从过程上说，设计是在传达，传达某样信息，传达某个优点，传达某种趣味；艺术是在表达，表达对现实的态度，表达对媒介的态度，表达对形式的态度。从结果上看，设计是在取悦，取悦客户，取悦市场，取悦老板，取悦评委，取悦设计同行，取悦自己的虚荣心；艺术是在挑逗，挑逗大众，挑逗媒体，挑逗社会，挑逗主流观念，挑逗群体品位，挑逗艺术自身业已形成的秩序。把这两样东西分清楚了，就不会有取舍的问题。就不会在做设计的时候要求客户 "理解艺术"，就不会在做原创艺术作品的时候还会试图让别人高兴。

你怎么看待中国网站设计界的现状？

中国平面设计就几乎不成行业，更不用说网站设计界了。具体到中国的网页设计师个体，我觉得单从视觉的角度讲已经和国外差距不大了。这是托国际互联网的福，我们一下子什么都看到了。

想过你的明天吗？你下一阶段的目标是什么？说说看。

贾海清：我最大的愿望就是我们两个人都能悠闲自在，下一阶段的目标是让我们的多媒体互动演出更神奇、更好玩。

富钰：明天如何按时在 6 点半起床，赶在打卡机打出红字以前走进办公室。下一阶段目标是与更多的 WEBART 分子们建立更加隐秘的联系。

Rock & Roll
on the New Long March

埋着头 向前走 寻找我自己

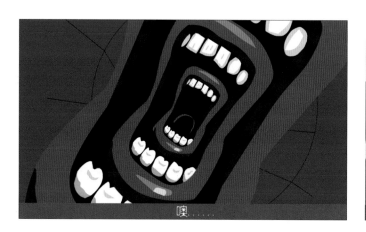

噢......

噢......

Http://www.heaventown.com

网址：http://www.heaventown.com
设计师姓名：蒋建秋

网名：老蒋
性别：男
职业：设计师
城市：北京

网站介绍：个人设计、绘画、动画、摄影插图作品

制作网站的软件配置：Dreamweaver, Flash
联系方式：jjq@yeah.net

LaoJiang
www.heaventown.com

请问你是什么时候接触网络的？以前你学的专业是什么呢？
1998 年接触网络，之前学的专业是绘画、摄影。

你觉得你是一个什么样儿的人呢？
平平常常或者说很平和的人。

你现在的生活状态是怎么样的？
没有职业，工作、学习，学习、工作，很忙，常感觉时间不够，尤其是在娱乐上。

你不做网站的时候喜欢做什么？为什么喜欢做？
喜欢体育，这算是人的天性了。

能谈谈你最喜欢的音乐或是你欣赏的艺术家吗？
我喜欢的大师：米开朗基罗——激情澎湃、雄伟庄严的代表；博纳尔——恬静、美好的代表。

能说说在生活中对你的设计影响很大的一个人吗？
没有。

你觉得你的站最有价值的地方是什么？
个人工作的几个方面，仅此而已。

你最喜欢自己的哪个作品呢？能谈谈它的创作思路吗？
我喜欢 Flash 动画《强盗的天堂》。想法只是用 Flash 尝试做个有点内涵的短片，实验一些通俗的电影手法。

你觉得你的网站里还有什么令人遗憾的吗？
有待更新，还差得很远。

你在做这个站的过程中遇到的最大的困难是什么？你是怎么解决的？
最大的困难是不会用 Dreamweaver，不会 HTML，我花了一周时间来学习它。

请推荐给我们你最喜欢的三个站的网址。
www.flashempire.com 技术
www.heibanbao.com 文艺
www.21dnn.com 新闻

什么是你理解的设计与艺术呢？你在其中是如何取舍的？
艺术更单纯，所以更有力。但是它打动不了对它无动于衷的人。

你怎么看待中国网站设计界的现状？
发展很快，但是还没有理由骄傲。

想过你的明天吗？你下一阶段的目标是什么？说说看？
变化太快，兴趣很多，活到老学到老吧。

有没有其他话想说呢？
希望能跟大家多交流，一起进步！

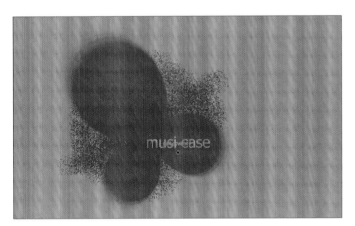

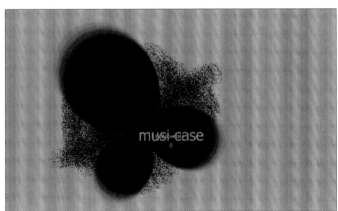

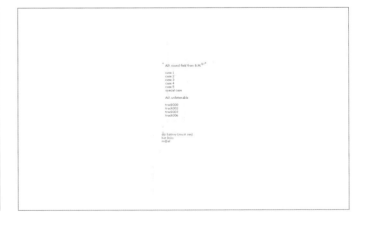

Http://shasidiji.yeah.net

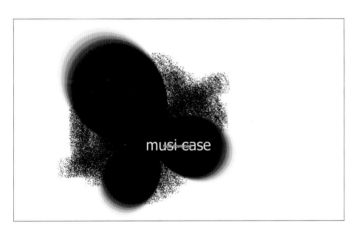

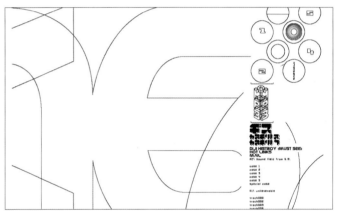

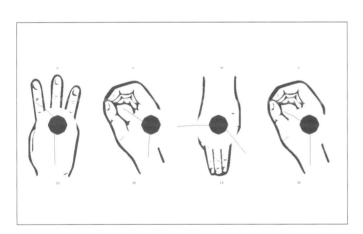

网址：http://shasidiji.yeah.net
设计师姓名：王小菲

网名：diji
性别：男
职业：美工
城市：北京

网站介绍：我将一个简单的个人主页转变成一个壁纸网站，又将一个壁纸网站转变成一个音乐网站。谁知道还会转变成一个什么呢。(请留意我网站中的diji history，它将把你带到我不同的15个网站。)

制作网站的硬件配置：PIII800
制作网站的软件配置：Photoshop 6, Dreamweaver 4
联系方式：dijipaper@163.com

请问你是什么时候接触网络的？以前你学的专业是什么呢？

我是学装潢和计算机的，大学一年级的时候在计算机系，大学二年级转系学装潢。1996年开始接触网络的。

你觉得你是一个什么样儿的人呢？

喜新厌旧，所以风格变得很快。说得好听点就是尝试不同的风格，其实就是自己不知道自己该干嘛。

你现在的生活状态是怎么样的？

我想我和大多数人是一样的，也许我将更多的时间花在听音乐上和想上一分钟想做的事。记忆力不好。

你不做网站的时候喜欢做什么？为什么喜欢做？

不工作的时候我听一些音乐，自己做一点简单的电子乐，我觉得做音乐和做个人网站像写日记一样，都是留给自己看的，很多年以后可以知道自己当时的想法，做这些东西比写日记具体得多。

能谈谈你最喜欢的音乐或是你最欣赏的艺术家吗？

《早安少女》、Mouse On Mars、Tortoise和我自己做的音乐都是我非常喜欢的。最爱的设计组织是Designers Republic和Sunday Vision。《早安少女》是日本的流行组合，很多人，很流行，很青春，听完以后能让我觉得自己特别年轻……Mouse On Mars是个Post Techno或者说是Post Rock，一种很新鲜的电子乐；Tortoise是最有名的一支Post Rock乐队，简单说就像是一种放慢的摇滚乐。艺术家就算了。

你觉得你的网站最有价值的地方是什么？

我感觉我的网站可以当成是一个教学网站。
我想让别人做个人网站的时候能做得像我一样，更多一点个人的、有意思的东西。

你最喜欢自己的哪个作品呢？能谈谈它的创作思路吗？

最喜欢的是我网站第一版里的Room & Object及我做得最认真的一组3D图。它们都是我刚学3D Max的时候做的，因为还在学，所以做得特别认真。

你觉得你的网站里还有什么令人遗憾的吗？

失败就是一直放在免费的服务器上和别人总不知道用shasidiji.yeah.net访问我的网站。

你在做这个站的过程中遇到的最大的困难是什么？你是怎么解决的？

访问量低和上传慢是最难的，访问量我现在没想去解决，上传我尽量托朋友帮忙。

请推荐给我们你最喜欢的网址。

www.mouseonmars.com

什么是你理解的设计与艺术呢？你在其中是如何取舍的？

设计就是生意。艺术有时候比生意还像生意。我现在只选择生意，可生意不选择我。

想过你的明天吗？你下一阶段的目标是什么？说说看。

成为一个会做生意的设计师。

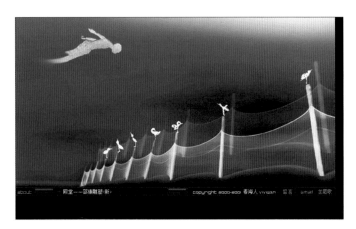

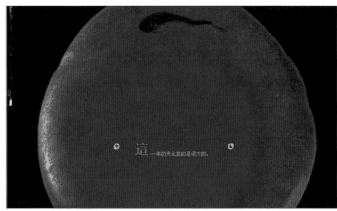

Http://www.viviwen.com

134

viviwen

网址：http://www.viviwen.com
设计师姓名：文芳

网名：**看海人**（Viviwen）
性别：**女**
职业：**网站设计**
城市：**北京**

网站介绍：我的陶、本子、玻璃、雕塑、小说、画、摄影、装置和感情…… 一个网友在我的留言板上写道：这已经病了，越疯狂、越隐晦、越被芸芸众生看成是艺术……后边就是骂人的话了。他有一个词说对了，我就是疯狂地想做，压制不住地想做各种东西。而且想到就去做，现在最郁闷的就是人还得睡觉，睡少了还头疼，否则该多幸福呀！

制作网站的硬件配置：PIII550, 128M RAM, 20G HDD, 17", DUOSCAN T1200
制作网站的软件配置：Windows 98, Photoshop 5.5, Flash 4,Dreamweaver 3
联系方式：viviwen@263.net, viviwen@yimeng.org, icq:45017262

请问你是什么时候接触网络的？以前你学的专业是什么呢？

1996 年夏天，之前学的是装潢设计。

你觉得你是一个什么样儿的人呢？

一个敏感的人。容易被打动，经常看片子会哭的那种。而且喜欢新点子，想到了就去做，充满热情。我还挺善良的，人说手软的人心软，对，我就是手特软。

你现在的生活状态是怎么样的？

不断地受制于自己新的创造欲望，反正就是不想重复，所以辛苦并快乐着。

你不做网站的时候喜欢做什么？为什么喜欢做？

喜欢做梦，是真的梦，醒了大都还记得。这事儿挺费神的，但我极爱。

能谈谈你最喜欢的音乐或是你最欣赏的艺术家吗？

和 diji 聊音乐的时候发现，他最喜欢的音乐是没有人声的，我最喜欢的是只有人声的。我觉得对于我来说，那就足够了。

能说说在生活中对你的设计影响很大的一个人吗？

设计？不说设计吧，因为没什么目的。就这个站来说是有这么一个人的，就是 bb，因为没有他根本就不会有"冬日看海人"，不会有陶，不会有现在这个我，挺感谢他的。这本书出版的时候他已经结婚了，祝他早生贵子。

你觉得你的站最有价值的地方是什么？

就是我对这个站投入的感情吧，这对别人其实是没有价值的。"体、人体、字体"这部分是 1998 年做的一种新鲜的尝试，将人体和书法的内在关系联系起来。给两个朋友（东子和邵康）做的网站倒是有价值的，这个工作帮助人们了解他们的艺术，了解这些为了艺术而来到这个世界上的人。

你最喜欢自己的哪个作品呢？能谈谈它的创作思路吗？

我做的好多东西我都很喜欢啊。《九九年－山中岁月》里面的《陶片诗集》里有一首元曲："花儿草儿打听着风声，车儿马儿我亲自来也。"是做成象形文字样子的，记得这首元曲还是我们高中的语文老师教给我们的，我现在还记得她当时讲课时的眼神，真想念啊！还有《我那只鸟》里的《莲蓬灯》我也特喜欢，它现在就挂在北京后海白枫的酒吧里，有好多人想找我定货，可是我一直也没再做过第二件，因为不喜欢重复。还有其他类似的《红男绿女》，是我在一个废品箱里找到的原料。《蕾梅苔丝》是我做过的惟一的雕塑，是想象中的那个《百年孤独》里不食人间烟火的美女。可惜还没做完就被专业人士拿去做泥料了，只留下这张照片。

你觉得你的网站里还有什么令人遗憾的吗？

遗憾就是导航不够清晰，我这个人逻辑性就是不够强，所以很多人居然告诉我我站里只有几页。其实用一天能全看完就不错了。

请推荐给我们你最喜欢的三个站的网址。

www.entropy8.com
cmart.design.ru
www.viviwen.com

什么是你理解的设计与艺术呢？你在其中是如何取舍的？

设计和艺术从某种角度来说是反向的，设计是越接近目的越成功，艺术是越远离目的，给人的想象余地越大、越成功。对于我，设计和艺术像树根和树冠，我的树根之所以努力向黑暗扎下去，是为了枝叶更接近阳光。

你怎么看待中国网站设计界的现状？

还不错，因为我是从 5 年前看到现在，进步比平面设计那一块快。但是仍不是很理想，关键是得找到中国人自己的语言，中国人的语言不是水墨和彩陶，而是原创的东西，真正的创作是很辛苦的，但是除此之外没路可走。

想过你的明天吗？你下一阶段的目标是什么？

下一阶段想不纯做这行了，5 年了，有点儿腻。

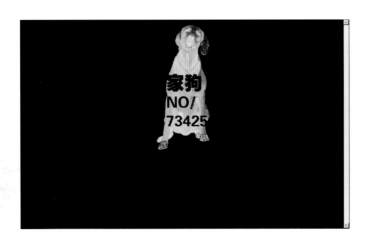

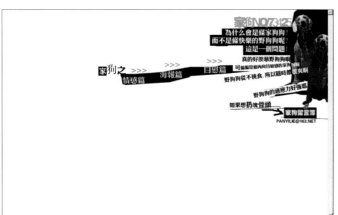

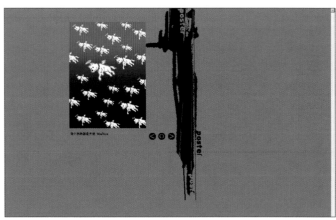

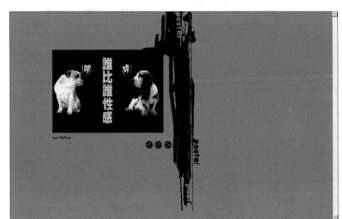

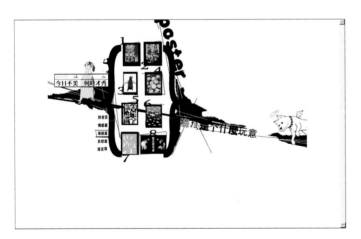

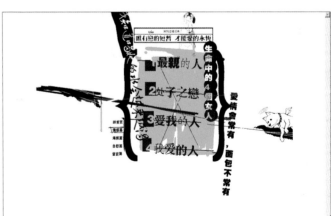

网址: http://panyl.go.163.com
设计师姓名: 潘奕列

网名: 关灯跳舞
性别: 男
职业: 中学美术教师
城市: 湖州

网站介绍: 在一个情绪最为低落的日子里做的这个纯个人网站"家狗", 本意只是想借以发泄。也几乎是自然而然地就确定了网站的整个构思, 不曾想做着做着, 倒着实被自己感动了一回, 尤其是当看到那些贴心的留言, 就更坚定了要把它做下去的决心。 没有永远, 但还有明天, 让我们一起怒放。

制作网站的硬件配置: MMX200, 64M RAM
制作网站的软件配置: Photoshop, Dreamweaver
联系方式: panyilie@163.net, oicq:10550670, TEL:0572-8064384

HOME DOG &family

请问你是什么时候接触网络的？以前你学的专业是什么呢？
1999年接触网络，还记得第一次上传自己网页的兴奋。1996年从浙江师范大学美术系毕业。

你觉得你是一个什么样儿的人呢？
敏感、多重性格的人。

你现在的生活状态是怎么样的？
不好不坏。

你不做网站的时候喜欢做什么？为什么喜欢做？
看片子、听唱片。不为什么。

能谈谈你最喜欢的音乐或是你最欣赏的艺术家吗？
蓝调、爵士乐，如 bbking。

能说说在生活中对你的设计影响很大的一个人吗？
好像没有。

你觉得你的站最有价值的地方是什么？
好像没什么特别有价值的，只是说了自己想说的话。

你最喜欢自己的哪个作品呢？能谈谈它的创作思路吗？
《海报》吧，因为说得比较彻底。

你觉得你的网站里还有什么令人遗憾的吗？
很多。

请推荐给我们你最喜欢的三个站的网址。
www.elong.com ，其实只爱看其中生于70年代那块
www.yimeng.org 自然自己的东家也是时常要来一来的
www.coolhomepage.com 看看世界形势到底怎么样了

什么是你理解的设计与艺术呢？你在其中是如何取舍的？
不懂设计的人也许会是最好的设计师。

你怎么看待中国网站设计界的现状？
国际接轨得还不够，不过毕竟世贸组织还没加入。

想过你的明天吗？你下一阶段的目标是什么？说说看。
走一步看一步，目标是过上小资生活。

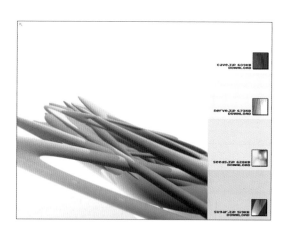

cave.zip 609KB
DOWNLOAD

nerve.zip 673KB
DOWNLOAD

seeds.zip 628KB
DOWNLOAD

sugar.zip 519KB
DOWNLOAD

← EOM

PROJEKT #

EMAILME/GUESTBOOK
WRECK

Http://soonic.yeah.net

142

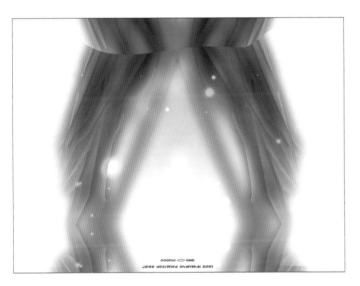

soonic ⟷ GND

Jipee designed shanghai 2001

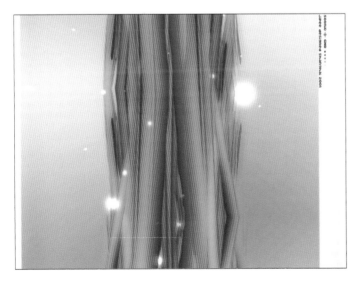

网址：http://soonic.yeah.net
设计师姓名：方俊

网名：jipee
性别：男
职业：学生
城市：上海

网站介绍："表情一种"，由 fancy2 和 soonic 组成，一半是文字，一半是图像，各个时期的版本
都是情绪的产物，或者说是纯个人的意向。设计的过程本身就是自我的表达和满足，结果未
必符合原先的想法，但这都无所谓了。重要的是素材，这个素材就是自己。"表情一种"就是
这样一种状态下的产物，一系列的情绪实验。

制作网站的硬件配置：PII233 + 128M RAM + 3.2G
制作网站的软件配置：Photoshop 5.5，Bryce 4，Dreamweaver 3
联系方式：jipee@citiz.net oicq:2256030

soonic
*no pan

请问你是什么时候接触网络的？以前你学的专业是什么呢？
1998 年。通信工程。

你觉得你是一个什么样儿的人呢？
俗人。

你现在的生活状态是怎么样的？
碎片整理。

你不做网站的时候喜欢做什么？为什么喜欢做？
听音乐。

能谈谈你最喜欢的音乐或是你最欣赏的艺术家吗？
刚才在听 low 《could live in hope》。

能说说在生活中对你的设计影响很大的一个人吗？
很多人对我有影响，这很糟糕。

你觉得你的站最有价值的地方是什么？
有壁纸下载。

你最喜欢自己的哪个作品呢？能谈谈它的创作思路吗？
第一个版本。还没来得及被影响。

你觉得你的网站里还有什么令人遗憾的吗？
没有新的突破。

你在做这个站的过程中遇到的最大的困难是什么？你是怎么解决的？
完美的表达，无法解决。

什么是你理解的设计与艺术呢？你在其中是如何取舍的？
说不上，不懂。

你怎么看待中国网站设计界的现状？
参差不齐。

想过你的明天吗？你下一阶段的目标是什么？说说看。
学摄影。

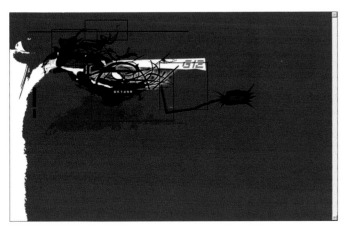

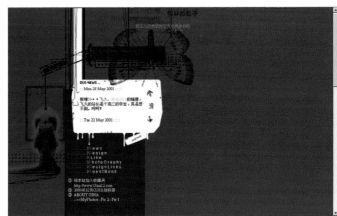

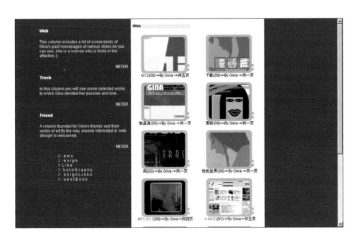

Web

This column includes a lot of screenshots of Gina's past homepages of various styles. As you can see, she is a woman who is fickle in the affection.)

NETER

Trash

In this cloumn you will see some selected works to which Gina devoted her passion and love.

NETER

Friend

A column founded for Gina's friends and their works of art.By the way, anyone interested in 'web design' is welcomed.

NETER

‣ ews
‣ esign
‣ Like
‣ hotoGraphy
‣ esignLinks
‣ uestBook

Web

G12(00)→By Gina →共五页
下载(00)→By Gina →共一页
就是谁(00)→By Gina →共一页
更新(00)→By Gina →共一页
网(00)→By Gina →共一页
粉色世界(00)→By Gina →共一页
MTV G12(99)→By Gina →共四页
X-MUD(01)→By Gina →共五页

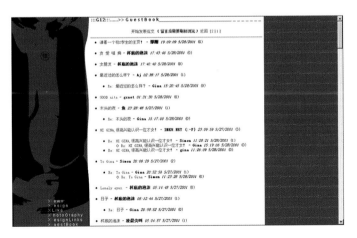

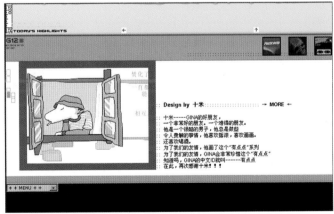

网址：http://jwele.com.cn/g12
设计师姓名：Gina

网名：sunny, designplayer
性别：女
职业：Web Designer
城市：广东省东莞市

网站介绍：如果说网络世界是我们的表象，那我们的设计就是我们的思想和灵魂，在网络上演绎着一些无聊但却是真实的幻想。我的站点 G12 是纯粹的一个自我表现站点，我的思想和灵魂就融入在我的设计里。网站的主体颜色是红色和黑色，红色代表年轻的冲动，黑色代表厚重的成熟，通过两者结合来表达一种年轻人的思想。也许这种思想很浮躁，也许这种思想也有它生存的轨迹，那就仁者见仁，智者见智了。过于修饰的语言实际上表现不出 G12 的本身，你只有用心去看才能使你的心灵受到震撼，或许 G12 会碰触到你内心深处不曾发觉的黑暗影子，一页一页，我们的心越来越近……。每个栏目都是 GINA 的所爱，有朋友们的原创诗词、抓拍作品，当然少不了设计。内容虽然不是很多，但 GINA 却也是精心维护着 G12，就像延续自己的生命一样小心地维护着。G12 到底是个怎样的个人主页，GINA 到底是个怎样的人，你看过就知，不用太多的言语。

制作网站的硬件配置：PIII733, 192M RAM, LG775T, TNT2, 21G HDD
制作网站的软件配置：Fireworks 4,Photoshop 6,Dreamweaver 4
联系方式：gina12@21cn.com, icq:83612827, oicq:165599

请问你是什么时候接触网络的？以前你学的专业是什么呢？

22岁，寻找游离的精神之地，在无法确立自我的时候选择了网。以前学的是营销，跟网络没一点芝麻关系，现在什么是营销？我不知道。

你觉得你是一个什么样儿的人呢？

我？一个喜欢揣摩自己的人，从来都无法正确审视自己的人，习惯在寂静而尖锐的内心深处注视这个世界的人，在阳光下不断折射自己神态的人。

你现在的生活状态是怎么样的？

设计、睡觉、闲聊、衰老、享受阳光、思念、行走、发愣，如此如此状态……

你不做网站的时候喜欢做什么？为什么喜欢做？

游戏，疯狂地游戏，在另一个虚拟的世界发泄歇斯底里的一面；听音乐——刺激的音乐，在摇滚震撼真实的语言中麻醉。

能谈谈你最喜欢的音乐或是你最欣赏的艺术家吗？

每个人都需要一种精神上的鸦片，音乐就是我的鸦片。触及灵魂的音乐就是我最喜欢的音乐，音乐是无从可谈的，好的音乐只能用心体会。最欣赏的艺术家应该是达利，他的世界能深入骨髓却无处可透，一如那湖水下怒放的延物丛生的水蔓张狂霸道。颠覆了视觉、颠覆了存在的空间。

能说说在生活中对你的设计影响很大的一个人吗？

应该是自己。获得相并着失去，意识形态下的放任。认真地对待生活给我敏感的嗅觉。凝固昨天的、今天的、明天的一切，在起伏的情绪中呈现一组组画面。

你觉得你的站最有价值的地方是什么？

红色就是证明，迷离而盛放让人醉的红色，燃烧着年轻之心，以祭思想的夏天，它代表我的真实死寂般的静态以及花朵的收放，人性、色彩的斗争，那是灵魂之邦，无可替代。这就是它的价值。

你最喜欢自己的哪个作品呢？能谈谈它的创作思路吗？

所有的作品都是当时心情表现的一种展示，要问我最喜欢哪种心情吗？我不知道，因为我是个很模糊的人。也许这一辈子也不会有一个令我最满意的作品。

你觉得你的网站里还有什么令人遗憾的吗？

遗憾自己在网里安排了思想的陷阱，走不出自己生命的原罪。无言是我致命的残墟，红色是血液，去丰满语言的翅膀。

你在做这个站的过程中遇到的最大的困难是什么？你是怎么解决的？

没有属于自己的留言板。现在还厚着脸皮挂在一个好朋友的服务器上，连程序也是好友一手帮忙搞定！！网络上有很多免费提供的资源，但却不是 G12 想要的，因为没有属于 G12 的风格。

请推荐给我们你最喜欢的三个站的网址。

www.gina12.com
www.x-mud.com
www.e9cool.com

什么是你理解的设计与艺术呢？你在其中是如何取舍的？

艺术、生活就是艺术。思想无形中的一种冲击，一种不自觉的、一反常态的、喷发自内心的张力。放肆心灵的自由才能触摸设计与艺术。

你怎么看待中国网站设计界的现状？

盲目，没有方向。在网的世界挂满了无数的提线木偶，装饰着漂亮色斑的面具，等待收购。泡沫代表昙花一现，替代不了玻璃棱角——透明而划出痕迹，庆幸，在中国有创造力的个人部分是让我欣慰的。商业性的我无从可谈的，很少有好的创意。一如印刷厂里的叠叠传单……

想过你的明天吗？你下一阶段的目标是什么？说说看。

明天赋予些什么？有个不断飞越自我的心态，目标明确。能有属于自己的工作室，能走出城市森林，然后慢慢老去。

有没有其他话想说呢？

让自己有好好活下去的理由。空间依然旋转，思想依旧延续。

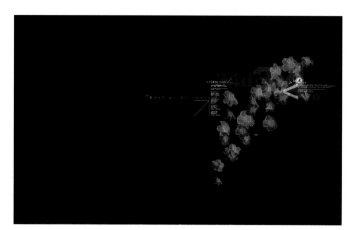

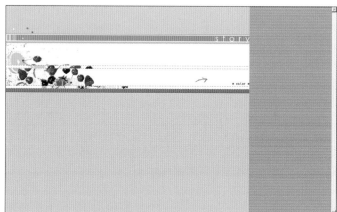

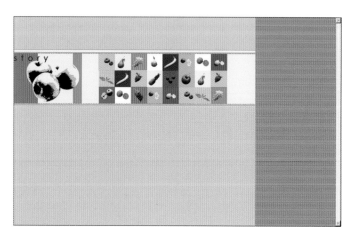

Http://www.34do.com

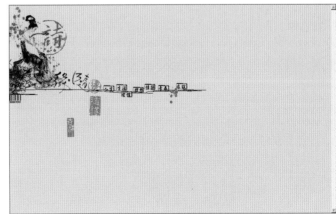

34

YA

⌂⌂

TOU

网址：http://www.34do.com
设计师姓名：刘宁

网名：cooky（古怪丫头）
性别：女
职业：design
城市：北京

网站介绍："丫头"做网页设计这行有将近3年的时间了，1998年接触这玩意儿，觉得很欣喜，感觉设计是一件能够让我感到快乐的事，所以一直到现在还乐此不疲。设计可以体现一种个人思维方式，每个人的思维路线不同，做出来的东西也就不一样。设计对我而言，是一个非常随心所欲的爱好。一直以来我认为简单就是美，有时候也会随心情变化去作一些新的尝试。在34do.com里大家能够看到一些很传统很民俗的东西，我喜欢把这些东西和现代感强烈的线条结合在一起，伴随同样强烈的色彩，它们可以让网页显得活泼生动，这种效果也正是我想要的。所做的网页里，《中国诗》是我最喜欢的，无论是从用图，结构上，都还算满意！但愿34do.com能给大家带来设计上的新概念、新思想、新感觉……

制作网站的硬件配置：k7500, MAG17, 128M RAM
制作网站的软件配置： Photoshop, Dreamweaver, Flash, Ulead GIF Animator
联系方式：cooky@design.com.cn, icq:111891227, oicq:25610788

请问你是什么时候接触网络的？以前你学的专业是什么呢？
1998 年接触网络，之前学的是计算机专业。

你觉得你是一个什么样儿的人呢？
目前自己还无法了解自己究竟是什么样的人，很善变，很奇怪吧！

你现在的生活状态是怎么样的？
很好，有很多朋友，大家在一起很开心。

你不做网站的时候喜欢做什么？为什么喜欢做？
听听 CD、看看电影、电视，看小说、发呆，和朋友们聊天，到处瞎逛，凡是能让自己轻松愉快的事情我都会做的，这些都是缓解压力最好的方法。

能谈谈你最喜欢的音乐或是你最欣赏的艺术家吗？
喜多郎和 Enya 的，空灵一点的会舒服一些。

能说说在生活中对你的设计影响很大的一个人吗？
太多了，我有很多的老师，他们都对我有很多帮助！

你觉得你的站最有价值的地方是什么？
自己的感受都做到网页里去了！

你最喜欢自己的哪个作品呢？能谈谈它的创作思路吗？
《中国诗》是我喜欢的吧！我喜欢文化味道的东西。创作思路，嗯，怎么说呢，好像是突然想起来的。

你觉得你的网站里还有什么令人遗憾的吗？
内容好像应该更丰满一些吧！

你在做这个站的过程中遇到的最大的困难是什么？你是怎么解决的？
困难好像没有碰到多少，因为整个网页里，除了设计好像就是设计了，技术含量很低！

什么是你理解的艺术与设计呢？你从中是如何取舍的？
一直以来，我认为设计不是靠学出来的，而是平时多看，把自己想象成海绵，多吸收新鲜的东西，这样做东西不会受到限制，可以随意发挥，最主要的还是凭自己的感觉吧！

你怎么看待中国网站设计界的现状？
中国好像并不像国外那样重视设计。

想过你的明天吗？你下一阶段的目标是什么？说说看。
明天，没想过，就是希望能在设计这条路上走得稳一些，久一些，毕竟这是我的爱好吧。

有没有其他话想说呢？
希望每一个设计师都有美好灿烂的明天！

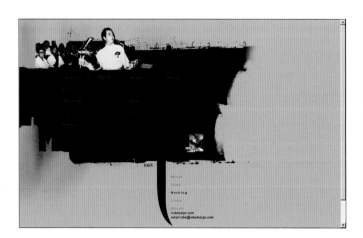

Http://www.rokedesign.com

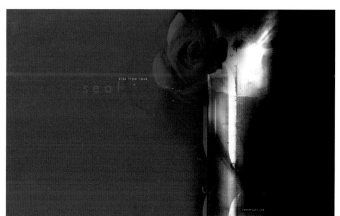

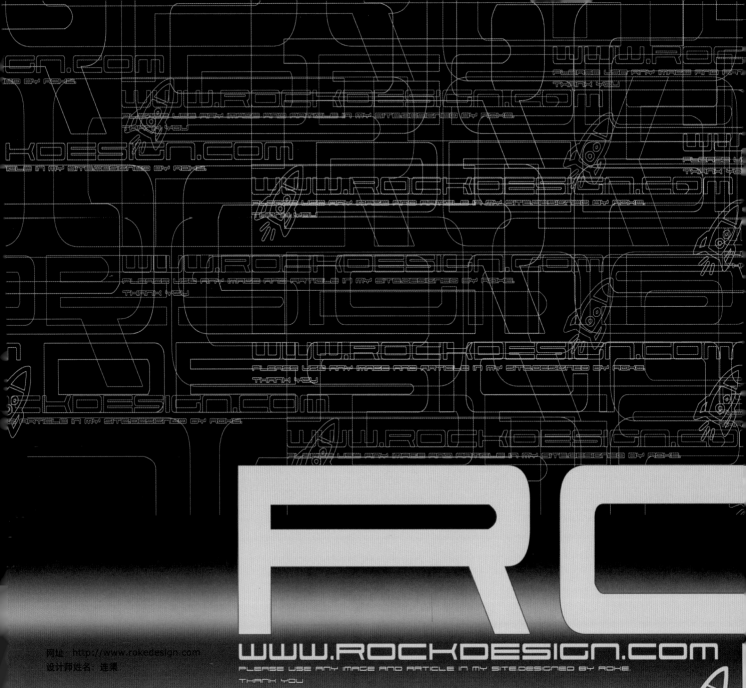

www.ROCKDESIGN.COM
PLEASE USE ANY IMAGE AND ARTICLE IN MY SITE.DESIGNED BY ROKE.
THANK YOU

网址：http://www.rokedesign.com
设计师姓名：连渠

网名：roke
性别：男
职业：设计师
城市：上海

网站介绍：这是一个实验性质的站点，做这个站点的目的是我希望通过这个站点的设计和思考
方式去重新考虑网页设计这个环境。我习惯用一种相反的方式去思考一件事情，所以在做这个站
点的时候，抛弃了更多在平常网页设计时会去考虑的事情，例如文件大小，分辨率等等。站点
上的图片都是我平常用数码相机抓拍的一些素材，我希望通过这些简单的元素以另外一种方法
去为自己服务，在网页中还用了一些小的 Flash 程序，我希望从平面和 Flash 两者之间找到一
些更适合他们之间的公共点。

制作网站的硬件配置：PIII800, 256M RAM, G450, 17î
制作网站的软件配置：Windows 2000, Photoshop 5.5, Coreldraw 10, Flash 5,
Dreamweaver3, Illustrator 9
联系方式：roke@21cn.com

请问你是什么时候接触网络的？以前你学的专业是什么呢？
1998 年年中的时候接触网络，以前是学装潢的。

你觉得你是一个什么样儿的人呢？
绝对极端和充满矛盾的人。

你现在的生活状态是怎么样的？
很难说得清楚，有点像白开水。

你不做网站的时候喜欢做什么？为什么喜欢做？
看书，听歌，睡觉，拿着数码相机到处抓拍，泡酒吧……

能谈谈你最喜欢的音乐或是你最欣赏的艺术家吗？
JAZZ, R&B,黑人音乐。

能说说在生活中对你的设计影响很大的一个人吗？
joka，第一次看到中，日，英三种语言可以这样混排。

你觉得你的站最有价值的地方是什么？
最重要的价值是能让自己记录每一段时间所发生的事情和我的思想……人总是会不知不觉地忘记一些事情，所以我必须把它记录下来……

你最喜欢自己的哪个作品呢？能谈谈它的创作思路吗？
rokedesign.com:我的个人主页的制作是很没有定性的，和自己的心情有很大的关系，创作的过程也就是我的生活过程，我现在在这一版主页是我连续听了3天王菲的《催眠》的结果，呵呵……总之很难说得清楚。

你觉得你的网站里还有什么令人遗憾的吗？
我没有更多的时间去照顾我的站点。

请推荐给我们你最喜欢的三个站的网址。
www.shift.jp.org
www.surfstation.lu
www.h73.com

什么是你理解的设计与艺术呢？你在其中是如何取舍的？
艺术是个人性情的一种表达，是一种思想状态的诠释，不具有广泛的传播意义……设计则相反。取舍是个很痛苦的过程……用一句话来说明吧，即："用艺术的眼光去看待设计，再用设计的手段去实现艺术。"

你怎么看待中国网站设计界的现状？
千篇一律……大家可能忙着去赚钱了……但不可否认还有一些很执著的人，如：aki(www.moond.com)，ShaSiDiJi(shasidiji.yeah.net) 等。我很庆幸我还能看见这样的站点，我觉得已经满足了。

想过你的明天吗？你下一阶段的目标是什么？说说看。
明天？会更好……呵呵…… 进修，出国看看……总呆在一个地方是不会有什么长进的。

有没有其他话想说呢？
希望以后能有多一点时间来做一些实在的事情……

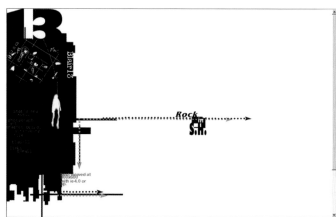

Http://blair13.yeah.net

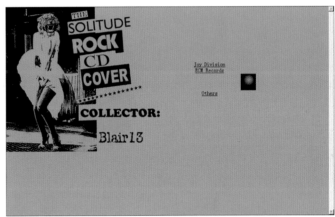

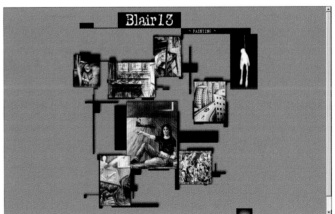

网址：blair13.yeah.net
设计师姓名：王悦

网名：blair13
性别：女
职业：平面设计
城市：上海

制作网站的硬件配置：PII, 128M RAM, 10G HDD
制作网站的软件配置：Photoshop, Frontpage, Gif
联系方式：cene@mail.paradise.sh.cn, oicq: 15368684

blair13

请问你是什么时候接触网络的？以前你学的专业是什么呢？
2000 年 3 月开始上网。学的是装潢美术设计。

你觉得你是一个什么样儿的人呢？
懒人。

你现在的生活状态是怎么样的？
上班——回家（循环）。

你不做网站的时候喜欢做什么？为什么喜欢做？
睡觉。因为需要呗。

能谈谈你最喜欢的音乐或是你最欣赏的艺术家吗？
最近上下班路上在听 EN。一直挺欣赏 Syd Barrett。

能说说在生活中对你的设计影响很大的一个人吗？
生活中怎么也想不出有这样的一个人。

你觉得你的站最有价值的地方是什么？
大家都喜欢那个吊着晃来晃去的人，别的一般都不记得。那就算那个 GIF 最有价值吧。

你最喜欢自己的哪个作品呢？能谈谈它的创作思路吗？
都差不多。当时怎么想的现在想不起来了。

你觉得你的网站里还有什么令人遗憾的吗？
动机不纯，所以连遗憾也说不上。

你在做这个站的过程中遇到的最大的困难是什么？你是怎么解决的？
最大的困难是没兴趣做下去了。没法解决，只能被动地等情绪。

请推荐给我们你最喜欢的三个站的网址。
cmart.design.ru
www.gorillaz.com
shasidiji.yeah.net

你怎么看待中国网站设计界的现状？
做得好看的人很多，但我喜欢看的很少。

想过你的明天吗？你下一阶段的目标是什么？说说看。
明天？明天得上班呀。目标么……想多学点东西，但没什么信心。

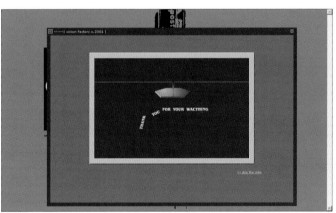

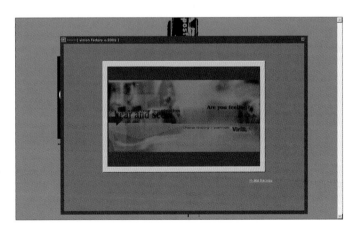

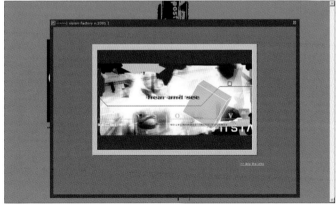

Http://www.19-81.com

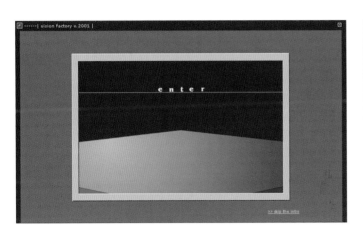

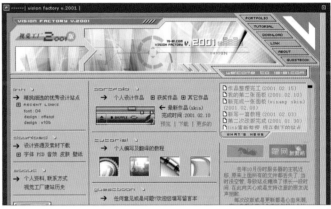

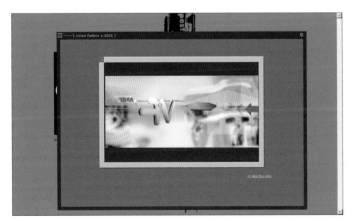

网址：http://www.19-81.com
设计师姓名：陈国桢

网名：dragonball
性别：男
职业：学生
城市：厦门

网站介绍：站点的创建始于 2000 年 2 月，当时网站主要提供一些个人收集的具有强烈视觉冲击效果
的精彩作品，包括图像、动画等，故取名为"视觉工厂"。现站点的主要栏目是《作品展示》(portfolio)
另外还有供人下载的一些极好的设计资源（如字体、PSD 源文件等）；而精挑细选的国外优秀设计站
的链接和站长翻译的一些来自国外的优秀设计制作教程也有一定的价值。网站的页面都是以灰色为底
图像的主色调为蓝、黄，部分使用了 flash，以加强页面的动感、平衡布局。和最早的两个金属框架
风格的版本相比（可以在《作品展示》栏目找到），新版在风格上有了很大的转变，手法上开始尝试着
体现精致和现代。

制作网站的硬件配置：Celeron 450, 128M RAM, Sony E200
制作网站的软件配置：Flash 4, Dreamweaver 3, Photoshop 5.5, Imageready 2
联系方式：oicq:218917, TEL:0592-6107850

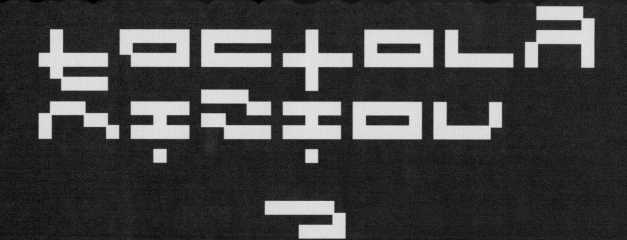

请问你是什么时候接触网络的？以前你学的专业是什么呢？
我是大学一年级时开始接网络的。我的专业是工商管理(以前只是个高中的理科生)。

你觉得你是一个什么样儿的人呢？
很正常的。

你现在的生活状态是怎么样的？
很自在。不过快结束了，面临毕业。

你不做网站的时候喜欢做什么？为什么喜欢做？
要看周围是什么人。比如身边是我奶奶，我当然不会和她讨论周星驰哪部片子最精彩。

能谈谈你最喜欢的音乐或是你最欣赏的艺术家吗？
我常听流行音乐，但从艺术角度谈论这个问题，我只能闭嘴了。

能说说在生活中对你的设计影响很大的一个人吗？
没有或者说到目前没有，至少我现在想不出。对于设计我的体验太少太少了。

你觉得你的站最有价值的地方是什么？
它的价值对不同的人来说应该都是不同的。就我自己而言，它的最大价值或许就是它的存在吧。

你最喜欢自己的哪个作品呢？能谈谈它的创作思路吗？
观念总会随着时间改变。有的作品我以前很喜欢，现在看来只觉得很一般。我想这只能说明自己的设计很不成熟。

你觉得你的网站里还有什么令人遗憾的吗？
首先是页面的设计。改版之前有许多想法和感觉，到了动手再到最后完成，摆在眼前的已经是另外一回事了。而且个性不足，风格在很大程度上受一些国外站点的影响，我希望下一版能多多少少地克服这样的毛病。再说说内容，对于内容的态度我绝对是挑剔的，上面的每个东西，我都认为它有价值才放上。每次改版我都会淘汰其中不够好的一部分。但是这样毫无疑问会让我在

你在做这个站的过程中遇到的最大的困难是什么？你是怎么解决的？
做这个站用了我大概一周的时间，但都只在晚上做。深夜里肚子饿自然是最大的问题。还好解决起来比较轻松，因为我老爸有每天半夜起来煮东西吃的习惯。

请推荐给我们你最喜欢的三个站的网址。
www.2advanced.com
www.ultrashock.com
www.eye4u.com

什么是你理解的设计与艺术呢？你在其中是如何取舍的？
我觉得设计是体现想法，而艺术则是体现思想。我做的一些东西只能称为视觉设计，而不是艺术设计，因为水平不够。

你怎么看待中国网站设计界的现状？
比起两年前，国内整体的网站设计水平可以说向前迈了一大步。越来越多的科班美工跨进了网站设计这一领域，同时也有一些平面设计师把方向转到了网络，这将带动网站设计这个行业走向成熟。但是现在国内的网页设计受西方影响很严重，风格都跟着国外走，包括我自己的。无论说抄袭、模仿还是学习，如何摆脱我们页面上的这些国外站点的影子都是值得深思的。

想过你的明天吗？你下一阶段的目标是什么？说说看。
现在我的最大目标就是把期末考试解决了。

有没有其他话想说呢？
有空到我的站点坐坐。

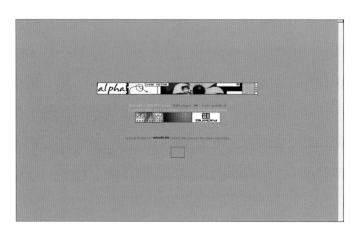

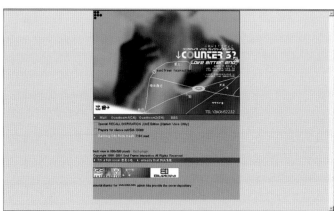

Http://wangzha.126.com

网址：http://wangzha.126.com
设计师姓名：wangzha

网名：网渣
性别：男
职业：网页设计师
城市：成都

网站介绍：个人的站。个人的思想和个人关于设计的取悦。为生活而设计。

制作网站的硬件配置：Althon 500, 256M RAM, 20G HDD, Creative TNT2 32M
制作网站的软件配置：Dreamweaver 4, Flash 5, Fireworks 4, Photoshop 5, Frontpage 2k
联系方式：wangzha@netease.com, oicq:2015419

SOUL FRAME

请问你是什么时候接触网络的？以前你学的专业是什么呢？

接触得比较早，1996年夏天。以前我的专业是国际贸易。

你觉得你是一个什么样儿的人呢？

还有点自信，对专业非常勤奋，小聪明，并且情感丰富，对朋友率真，不过还是有点懒。

你现在的生活状态是怎么样的？

自由，振奋，并且依旧对生活保持激情，空了就学习新的东西。几乎不出去玩。和音乐、设计做生活伙伴。

你不做网站的时候喜欢做什么？为什么喜欢做？

学习、睡觉这两条不需要理由吧。另外踢球可以让我保持活力和协作气氛，和好朋友一起写歌，感觉这样能得到另外的一种释放，或者就干脆去地下摇滚酒吧找灵感。

能谈谈你最喜欢的音乐或是你最欣赏的艺术家吗？

我最爱的乐队是 Bonjovi.因为在他们身上，我可以找到我的激情和对生活的见解。喜欢的音乐就太多了，自己是个收集音乐的狂人。主要喜欢硬石摇滚、重金摇滚，最近喜欢上了 Techno 曲风，带点电子、迷幻、前卫的味道。快有700张 CD 了，列举几个吧：Smashing pumpkin,Harlem Yu,Aerosmith,Nine inch nails,Portishead,Mr big,Green Day,Radio head,BLur,Prodigy……太多了。

能说说在生活中对你的设计影响很大的一个人吗？

我以前的女朋友 Tracy。

你觉得你的站最有价值的地方是什么？

带点自己闲杂的情绪和对设计的个人理解倾向，以及对音乐、多媒体的热爱。

你最喜欢自己的哪个作品呢？能谈谈它的创作思路吗？

我自己最新的一期 Page ——《快不快乐》，思路很简单，黑白情绪、组图和轮廓处理。

你觉得你的网站里还有什么令人遗憾的吗？

内容远没跟上，小打小闹。懒惰而为之。

你在做这个站的过程中遇到的最大的困难是什么？你是怎么解决的？

最大的困难就是孤独，因为创作时我感到快乐，可创作后就感到空虚。只有靠酒和音乐去麻痹。

请推荐给我们你最喜欢的三个站的网址。

怎么说呢，喜欢的站总是随时变，不过 H73.com 和 www.cwd.dk 和朋友 Nancy 的 Veers art 应该受到推荐。

什么是你理解的设计与艺术呢？你在其中是如何取舍的？

我认为设计与艺术是需要在生活中才能体验的，离开了生活，一切设计都是空虚的，没有情绪搀杂在设计中，那就是没有生命力的美丽的外壳而已。

你怎么看待中国网站设计界的现状？

目前很迷茫，很萧条，很不景气，但朋友们依然在努力着。长江后浪推前浪，新的一代接受国外的模式太容易，不过好像缺乏一点自己的元素和精神在里面，一味地接受的大有人在。这是对设计的一种不负责任的趋向。而且大家都还在单打独斗，且不知早有开明人士已经跳出网页设计的圈子了，其实，以后网络的应用范围还很宽，不是一个设计能左右的。

想过你的明天吗？你下一阶段的目标是什么？说说看。

我能知道的是自己的方向，因为网络中，既然你生存一天就要面临各样的问题。可能自己的忧患意识还算比较多，下一步当然就是不断地丰富自己的视野，尽量脱离网络，干些实际的事情，往以后看，动画设计和多媒体开发应该是现在网页设计单调的现状的出路。

有没有其他话想说呢？

向我的所爱，向我的全部朋友致敬，因为你们让我活得很自在、很快乐，找到了属于自己的位置，感谢 Yimeng 为中国 Webdesign 做出的贡献，希望办得更好。

Http://www.eband2000.com

dou
wei
hua
shu
me
tiar

网址：http://www.eband2000.com
设计师姓名：李谦

网名：leo
性别：男
职业：平面设计师
城市：北京

网站介绍：介绍窦唯的音乐历程，提供窦唯全部作品的明细及试听、大量相关评论、图片藏以及窦唯·译乐队演出动态，包括专题报道、大量的现场照片及海报。"幻水梦天"的站名取自于窦唯目前公开发行的四张个人专辑。这里是真正之窦迷的交流地带。

制作网站的硬件配置：Celeron 466, 256M RAM, Iiyama MF-8617E/T, nVIDIA TNT2 M64, 15GB, Creative SB Live! Digital
制作网站的软件配置：Photoshop 6.0, Coreldraw 10, Painter 6, Dreamweaver 4, WS Ftp
联系方式：leomaq@sina.com

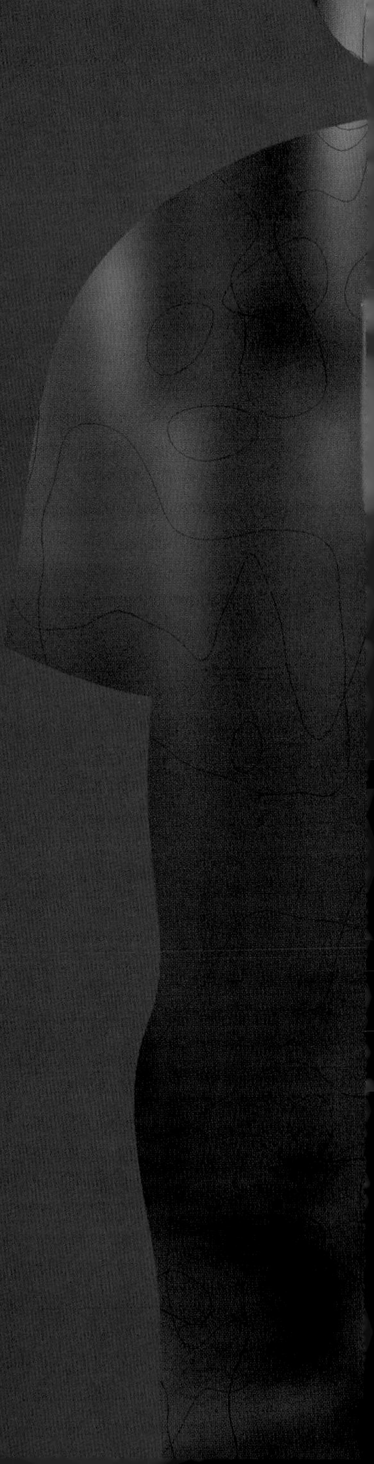

请问你是什么时候接触网络的？以前你学的专业是什么呢？

1996 年触网，以前一直学美术。

你觉得你□□□□么样儿的人呢？

做事缺□□□□爱忘事，尤其是别人的名字，喜欢音乐，听得非常杂，而且多半也记不住名字。不喜欢张扬的东西，比较随缘，坚信善恶有报，极其厌恶政治。

你现在□□□□□怎么样的？

正在□□□□□□，在自由职业与上班生活中寻找自己的位置。经历着一场轰轰烈烈的小丑运动。

你不□□□□□喜欢做什么？为什么喜欢做？

喜欢□□□很多，爱听音乐是最显而易见的，除此之外喜欢一个人看 DVD，去大小剧场看戏，借朋友之便经常光顾黑匣子看每届毕业生的创作，虽然作品的水平是一届不如一届。如果有足够的时间，我希望能到西北某个偏僻的地方足足呆上个一年半载的，让自己远离已经习惯的一切。

能谈谈你最喜欢的音乐或是你最欣赏的艺术家吗？

喜欢的音乐很多，很难说最喜欢，喜欢也在经常变化中。Mark Knopfler、Eric Clapton、Recoil、Radiohead、窦唯、蔡琴、崔健、罗大佑是过程中幸免下来的一部分。喜欢凡高、毕加索、夏加尔、米罗、马蒂斯等人的画。

能说说在生活中对你的设计影响很大的一个人吗？

Gert Dumbar。

你觉得你的站最有价值的地方是什么？

我力图给乐迷一个宽容、自由、纯粹的交流空间。尤其是留言板的气氛很令我感动。

你最喜欢自己的哪个作品呢？能谈谈它的创作思路吗？

好像没有最喜欢的作品，很多东西感觉不同，但不知道是否最喜欢。在 Q 点网时做过的一个主页模板"我们这群人"，把质朴而热烈的气氛表现出来了。我觉得比较欣慰。

你觉得你的网站里还有什么令人遗憾的吗？

资料和内容没有更系统的分类，导航部分比较难拓展内容。

你在做这个站的过程中遇到的最大的困难是什么？你是怎么解决的？

提供个人主页空间服务器经常不稳定，支持 CGI 的空间太难找了。后来借了朋友的地方才算圆了场。

请推荐给我们你最喜欢的三个站的网址。

www.choppingblock.com, www.engine-design.co.uk, www.chrisray.com

什么是你理解的设计与艺术呢？你在其中是如何取舍的？

设计是服务于多数人的艺术，我很不愿意看到仅为了个人喜好而产生的设计作品。我觉得应在符合产品特征的情况下尽量使设计在艺术价值上提高，但无疑产品是主要的，如同人与服饰的关系吧。

你怎么看待中国网站设计界的现状？

缺少创意和刻意创意，明显的功利色彩或明显的个人色彩太重。我希望大众的道德心理与社会心理的健康过渡会改善这一点。

想过你的明天吗？你下一阶段的目标是什么？说说看。

不知道，随缘吧。

有没有其他话想说呢？

希望大家能够健康地客观地对待互联网的发展，在它正在发育成长的阶段不要让它负载太多的责任与目的。

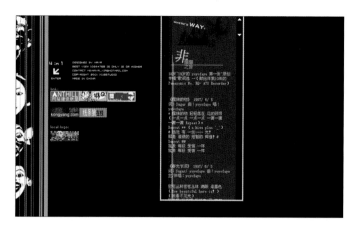

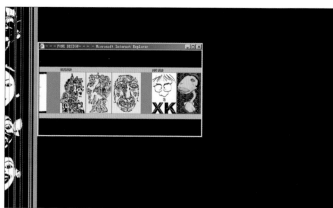

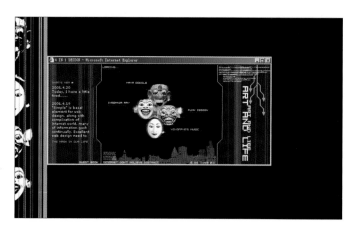

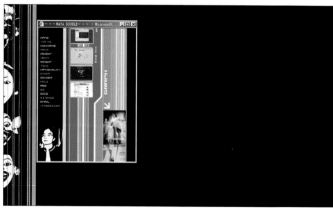

 Http://fourinone.qzone.com/fourinone_first

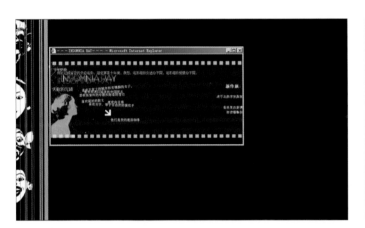

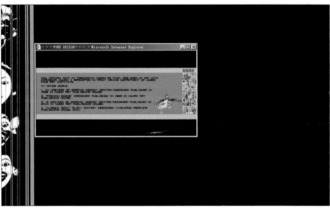

网址：http://fourinone.qzone.com/fourinone_first
设计师姓名：夏可

网名：MAYA
性别：男
职业：自由职业
城市：武汉

网站介绍：这是一个为朋友而制作的网站，该网站的自身是作为四个人在艺术空间的展示，该网站没有"页"的概念、所有的内容都是作为一个零部件而出现。试用四个面具来代替传统意义上的导航，也是作者想表明当代年轻人对社会的茫然而不知所措。这个网站的情报量不是很多，但作者在设计上下了很大功夫，特别是在窗体结构的设计上，并且每个窗体都有一定的意义，应用统一的画廊式互动元素，让浏览者体会到欣赏的乐趣。虽然某些界面让人难以理解，但整体的视觉效果还是非常沉稳而精致。夏可，2000 年毕业于华中师范大学计算机科学系，现是一个自由职业者。当在网上遇见了 FUNK、YOYOFAYE 和夜色时，于是一个念头诞生，产生了"4 IN 1"。（其中 FUNK DESIGN 的设计图片都系邹加勉版权所有。另外两个文字的栏目系 YOYOFAYE 和夜色版权所有。邹加勉,湖南人,毕业于湖北美院,现就读于新西兰奥克兰理工大学艺术设计专业。Yo-yo Faye，原名向菲，女，个人主页为 http://yoyofaye.qzone.com/fin，武汉理工大学英语系 2001 届毕业生。爱好前卫艺术，包括行为、装置、Media、摄影、Video、Lo-Fi 以及实验电子或音频艺术。现状：找工作，在家里做网页，写小说。夜色：资料不详。）

制作网站的硬件配置：PIII550E, 256M RAM, 15G HDD, 17"SAMSUNG, TNT2 32MB
制作网站的软件配置：Dreamweaver 4, Fireworks 4, Flash 5, Photoshop 5
联系方式：MAYA_XIA@HOTMAIL.COM, xia@dot.com.cn, oicq:5476066, TEI:13018043938

请问你是什么时候接触网络的？以前你学的专业是什么呢？
我是 1997 年底开始接触网络的，在这之前我是学习计算机软件专业的。

你觉得你是一个什么样儿的人呢？
我是个有点偏执的人，只要自己认定的东西，就会认为是对的，并努力把它做好。

你现在的生活状态是怎么样的？
我现在的生活处于一种很充实的状态。

你不做网站的时候喜欢做什么？为什么喜欢做？
喜欢拿 DC 出去走到哪里拍到哪里，因为这是一种生活的记录。

能谈谈你最喜欢的音乐或是你最欣赏的艺术家吗？
我喜欢凡高，他的画让我震撼。

能说说在生活中对你的设计影响很大的一个人吗？
那就首推 FUNK，他是我的网友，也是我的朋友，遇见了他，让我在艺术的看待上第一次有了自己的思维。

你觉得你的站最有价值的地方是什么？
我听到一位网友的评价，是"我很喜欢你的一种无所适从"，我倒很喜欢这个评价，也许这也是一个价值所在吧。

你最喜欢自己的哪个作品呢？能谈谈它的创作思路吗？
我到目前还没有自己满意的作品。

你觉得你的网站里还有什么令人遗憾的吗？
信息量太少。

你在做这个站的过程中遇到的最大的困难是什么？你是怎么解决的？
用什么方式来确切表达"4 in 1"这个网站的主题，这一直让我思考了很久，后来根据 FUNK 提供的面具素材，让我想到了人们在生活中一种不确定的状态，就是因为这种不确定的状态，他们戴上面具使自己在生活这个固定的舞台上来扮演一个固定的角色，每个面具都说明了每个人的一个个性的空间，一个让自己有安全感的空间，在每一个空间中，我们都可以无所顾忌地存在。因此面具成了这个网站的灵魂。

请推荐给我们你最喜欢的三个站的网址。
www.cwd.dk
www.coolhomepages.com
www.linkdup.com

什么是你理解的设计与艺术呢？你在其中是如何取舍的？
艺术是设计的灵魂，设计是艺术的体现，我更倾向于艺术是一种精神和思维，而设计是一种手段和方法的认识，我只需要一个高尚的灵魂，而不是一个华丽的躯壳。

你怎么看待中国网站设计界的现状？
现在中国网站设计界，尚在一个模仿探索的阶段，其中能确实表现一种有思维，有个性的东西太少，大多都是一个纯粹的商业模式。

想过你的明天吗？你下一阶段的目标是什么？说说看。
我现在准备去澳洲留学，学习多媒体互动设计，只是希望自己的视野能开阔一些，让自己的人生有个经历，证明自己的存在价值。

有没有其他话想说呢？
总有一天，中国的网站设计界能立足于全球。

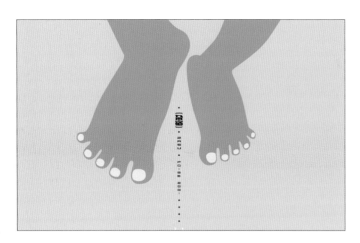

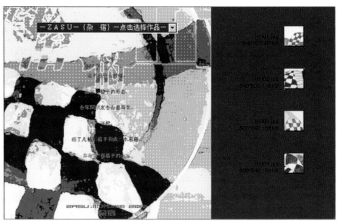

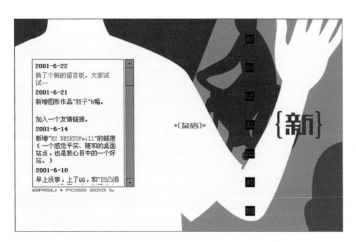

2001-6-22
换了个新的留言板。大家试
试…
2001-6-21
新增图形作品"瓶子"6幅。

加入一个友情链接。
2001-6-14
新增"E2 DESKTOPmill"的链接
（一个感觉平实、随和的桌面
站点，也是我心目中的一个好
站。）
2001-6-10
早上没事，上了QQ，和"凹凸酒

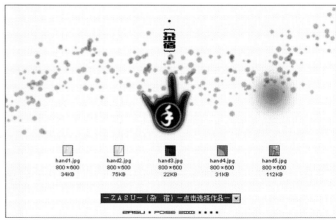

hand1.jpg   hand2.jpg   hand3.jpg   hand4.jpg   hand5.jpg
800×600   800×600   800×600   800×600   800×600
34KB   75KB   22KB   31KB   112KB

Http://www.else.com.cn/ZASU

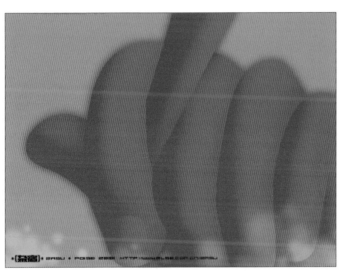

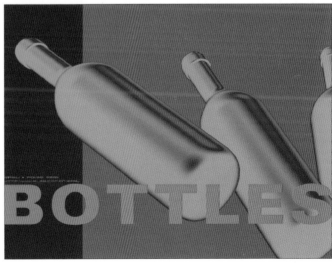

网址：http://www.else.com.cn/ZASU
设计师姓名：林侠东

网名：POISE
性别：男
职业：平面设计
城市：广东省澄海市

网站介绍：没什么特别的地方，只是一个存放自己喜欢的事物的简单
空间。

制作网站的硬件配置：PII450, MGA G200, 256M RAM
制作网站的软件配置：Windows2000, Dreamweaver 4,
Fireworks 4, Photoshop 6
联系方式：olio@163.com

ZASU .:|:. POISE 2001

请问你是什么时候接触网络的？以前你学的专业是什么呢？
2000年年初开始接触网络。以前学的是美术教育。

你觉得你是一个什么样儿的人呢？
一个普通的人。

你现在的生活状态是怎么样的？
每天工作10小时以上，6小时休息，剩下的时间做自己喜欢的事。

你不做网站的时候喜欢做什么？为什么喜欢做？
平时喜欢画画，闲聊和喝功夫茶等。

能谈谈你最喜欢的音乐或是你最欣赏的艺术家吗？
我喜欢的音乐类型很杂，只要觉得好都听。最欣赏的艺术家是"莫兰特"和"席勒"。

能说说在生活中对你的设计影响很大的一个人吗？
到目前为止还没有什么人对自己设计影响很大，影响最大的是自己生活周围的事物。

你觉得你的站最有价值的地方是什么？
最有价值的地方是它能满足自己的兴趣。

你最喜欢自己的哪个作品呢？能谈谈它的创作思路吗？
到目前为止，在自己的作品中都没有特别喜欢的。

你觉得你的网站里还有什么令人遗憾的吗？
网站里最遗憾的是内容太少，因为没太多的时间去做它。

你在做这个站的过程中遇到的最大的困难是什么？你是怎么解决的？
做这个站的过程中最大的困难是一些技术上的问题。不懂的都尽可能找别人帮忙。

请推荐给我们你最喜欢的三个站的网址。
www.theme9.com
www.blueidea.com
www.jokadesign.com

什么是你理解的设计与艺术呢？你在其中是如何取舍的？
在设计与艺术之间，我还是会倾向于艺术多一点。

你怎么看待中国网站设计界的现状？
对于网站设计界的认识很浅，谈不了这个话题，但对于中国网站设计的未来倒是很乐观的。

想过你的明天吗？你下一阶段的目标是什么？说说看。
很少会想得很长远，不过总希望能成为一个自由的职业者。下一阶段的目标是专门从事网页设计工作。

Http://www.5dmedia.com

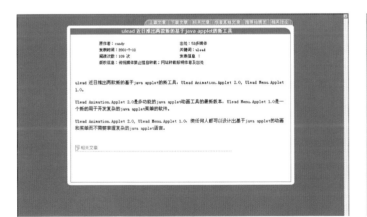

网址：www.5dmedia.com
设计师姓名：Dreamy

网名：Dreamy
性别：男
职业：设计师
城市：上海

网站介绍：5D 多媒体是一个技术交流性网站，创建于 1999 年 5 月 5 日，面向声音处理、平面设计、视频动画、多媒体整合。网站制作五种维度的媒体，报道相关技术信息和新闻。网站的成员大都是多媒体网页制作的爱好者，我们来自五湖四海，为了同一个目标，繁荣技术，共同进步而走到一起来。如果您和我们有共同的心愿，欢迎加入我们的队伍。5D 精英：5D 多媒体网站于 1999 年 5 月建立，网站建立之初，吸引了不少业界精英加盟，故网站中文名称为"5D精英网"，为了更好地反映网站特色，网站于 2000 年 10 月更换中文名称为 "5D多媒体"，积极参与 5D 网站建设，且技术出众的业界精英，继续称为 "5D精英"。

制作网站的硬件配置：PIII550, 256M RAM, 17" LG, 20G HDD
制作网站的软件配置：Photoshop 6, Dreamweaver
联系方式：dreamy_xmg@21cn.com,icq:37328799

请问你是什么时候接触网络的？以前你学的专业是什么呢？
1998 年 3 月第一份工作就是在上海的一家网络公司。以前所学的是计算机应用，也是典型的半路出家。

你觉得你是一个什么样儿的人呢？
自我评价，说得太好吧，怕招人骂；说得不好吧，怕招自己骂，所以索性不说了。

你现在的生活状态是怎么样的？
稳定，快乐。

你不做网站的时候喜欢做什么？为什么喜欢做？
做梦，看电影，听音乐，睡觉，外出。

能谈谈你最喜欢的音乐或是你最欣赏的艺术家吗？
没有最喜欢的音乐，也没有最欣赏的艺术家，喜欢的音乐太多了，怕这里的篇幅不够。不过罗大佑和王磊都是我比较欣赏的音乐人。

能说说在生活中对你的设计影响很大的一个人吗？
可能还没有出现吧。网站中我最欣赏的设计工作室是 Kioken.com，他们的设计对我启发很大。

你为什么选择做"网页教学"站呢？你觉得你的站最有价值的地方是什么？
因为我们都是从新手过来的，在其中学习别人的经验对自己的提高是很有好处的。所以我们也希望能给网友更多的帮助。最有价值的地方我想除了教程，就是广大网友的参与。他们的参与让我们有了把这个网站继续做下去的决心。

你觉得你的网站里还有什么令人遗憾的吗？
我觉得这个网站内容还有不够新、不够好的地方。因此我们想把它做得更好。

你在做这个站的过程中遇到的最大的困难是什么？你是怎么解决的？
服务器的问题是我们最头痛的问题。由于没有资金我们的网站服务器一直没有稳定的居所，现在我们已经找到了自己的服务器。还有就是时间不够用，这就牺牲个人时间了。

请推荐给我们你最喜欢的三个站的网址。
www.coolhomepages.com
www.Kioken.com
www.adobe.com

什么是你理解的设计与艺术呢？你在其中是如何取舍的？
我对美的理解和探索一直仅仅局限在设计中，对于艺术我没有兴趣（可能以后会有吧）。理解中的设计的原则是"使人愉悦"四个字。

你怎么看待中国网站设计界的现状？
与国外有些差距，但是没有大家说的那么差。有许多高人，只是不愿露面。

想过你的明天吗？你下一阶段的目标是什么？说说看。
想得太多，不如不想，多做、多思考就足够了。

有没有其他话想说说呢？
我们会继续努力，提供更好的教程。

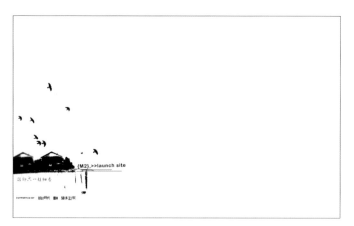

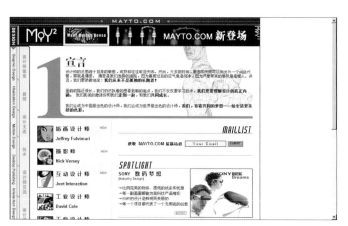

Http://www.mayto.com

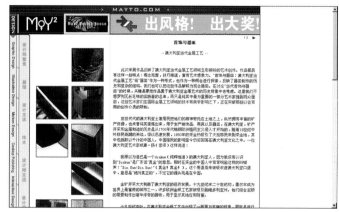

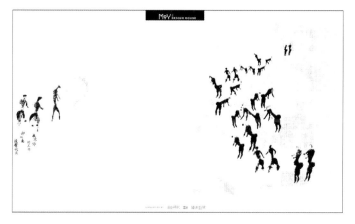

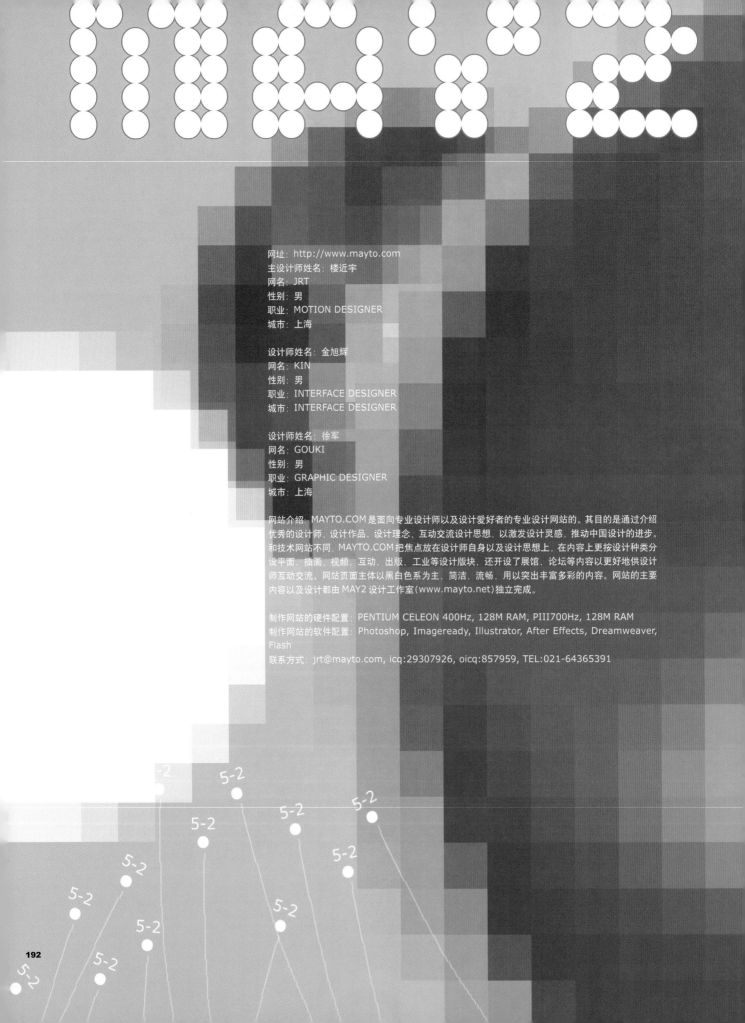

网址：http://www.mayto.com
主设计师姓名：楼近宇
网名：JRT
性别：男
职业：MOTION DESIGNER
城市：上海

设计师姓名：金旭辉
网名：KIN
性别：男
职业：INTERFACE DESIGNER
城市：INTERFACE DESIGNER

设计师姓名：徐军
网名：GOUKI
性别：男
职业：GRAPHIC DESIGNER
城市：上海

网站介绍：MAYTO.COM 是面向专业设计师以及设计爱好者的专业设计网站的。其目的是通过介绍
优秀的设计师，设计作品，设计理念，互动交流设计思想，以激发设计灵感，推动中国设计的进步。
和技术网站不同，MAYTO.COM 把焦点放在设计师自身以及设计思想上，在内容上更按设计种类分
设平面、插画、视频、互动、出版、工业等设计版块，还开设了展馆、论坛等内容以更好地供设计
师互动交流。网站页面主体以黑白色系为主，简洁，流畅，用以突出丰富多彩的内容。网站的主要
内容以及设计都由 MAY2 设计工作室(www.mayto.net)独立完成。

制作网站的硬件配置：PENTIUM CELEON 400Hz, 128M RAM, PIII700Hz, 128M RAM
制作网站的软件配置：Photoshop, Imageready, Illustrator, After Effects, Dreamweaver,
Flash
联系方式：jrt@mayto.com, icq:29307926, oicq:857959, TEL:021-64365391

请问你是什么时候接触网络的？以前你学的专业是什么呢？
我从 1994 年开始玩电脑，1997 年开始接触网络。大学里学的专业是影视艺术。

你觉得你是一个什么样儿的人呢？
懒惰的理想主义者。

你现在的生活状态是怎么样的？
正常得不能再正常了，都让我有些烦了。

你不做网站的时候喜欢做什么？为什么喜欢做？
看电影，拍照，拍点零零碎碎的视频，这还能为什么呢，我对影视的热情比网络还要高。

能谈谈你最喜欢的音乐或是你最欣赏的艺术家吗？
音乐？Pink floyd, Beatles, 还有很多。最欣赏的艺术家？Van gogh,比较彻底，我做不到。设计师？Attic, Pittard sullivan, Marc klein。

能说说在生活中对你的设计影响很大的一个人吗？
学校的一些老师们和一些搞影视的同行们，他们让我知道了，我不能做什么样的人。

你为什么选择做"网页教学"站呢？你觉得你的站最有价值的地方是什么？
严格地说，Mayto 并没有希望教会大家什么，而是希望启发大家点什么。如果设计师能够在我们这里获得启发，那就是它的价值了。

你最喜欢自己的哪个作品呢？能谈谈它的创作思路吗？
网站的话，Mayto 是我参与的比较正规的非商业网站，也是我倾注心血最多的东西。Motion design 方面，没有，这东西和世界顶尖水平还是有距离的。

你觉得你的网站里还有什么令人遗憾的吗？
现在的 Mayto 和理想中的 Mayto 还有很大的距离，内容散，缺乏主题和线索，没有定期地更新，真正有价值的内容还是少。

你在做这个站的过程中遇到的最大的困难是什么？你是怎么解决的？
人力，物力，时间的缺乏都是我们的困难，一个覆盖面这么广的网站，靠几个人和朋友在业余时间的义务劳动，的确很不容易，好在我们都是比较理想主义的人。

请推荐给我们你最喜欢的三个站的网址
www.bornmagazine.com，www.commarts.com，www.designinmotion.com。

什么是你理解的设计与艺术呢？你在其中是如何取舍的？
我赞成把商业设计和艺术区分一下，设计是为客户服务，要符合商业规律和市场需要，艺术为自己服务，就没有什么限制了。主要是出发点的不同。至于我，设计是职业，空下来搞点喜欢的东西，也不在乎那是不是艺术。

你怎么看待中国网站设计界的现状？
中国的网站设计是年轻人的天下，年轻人接受新的观念，学习新技术都很快，但是恐怕年轻人的浮躁和功利心也是网站设计行业的一大弊病。

想过你的明天吗？你下一阶段的目标是什么？说说看。
除了 Mayto 的正常发展以外，我个人还想做一个好的 MOTION DESIGNER，要学习的东西还很多。

有没有其他话想说呢？
祝中国的设计行业越来越步入正轨吧，这是我个人的愿望，也是 Mayto 的愿望，我想也是所有设计师的愿望。

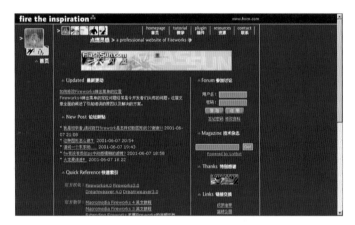

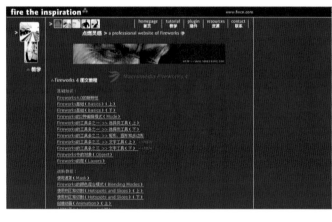

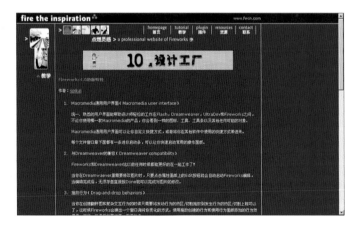

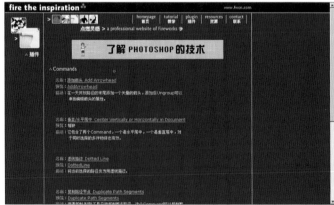

Http://www.fwcn.com

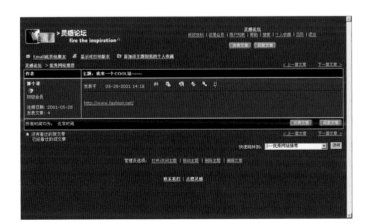
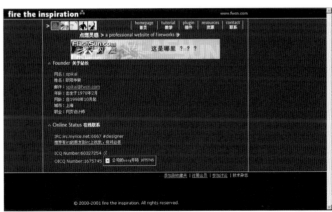

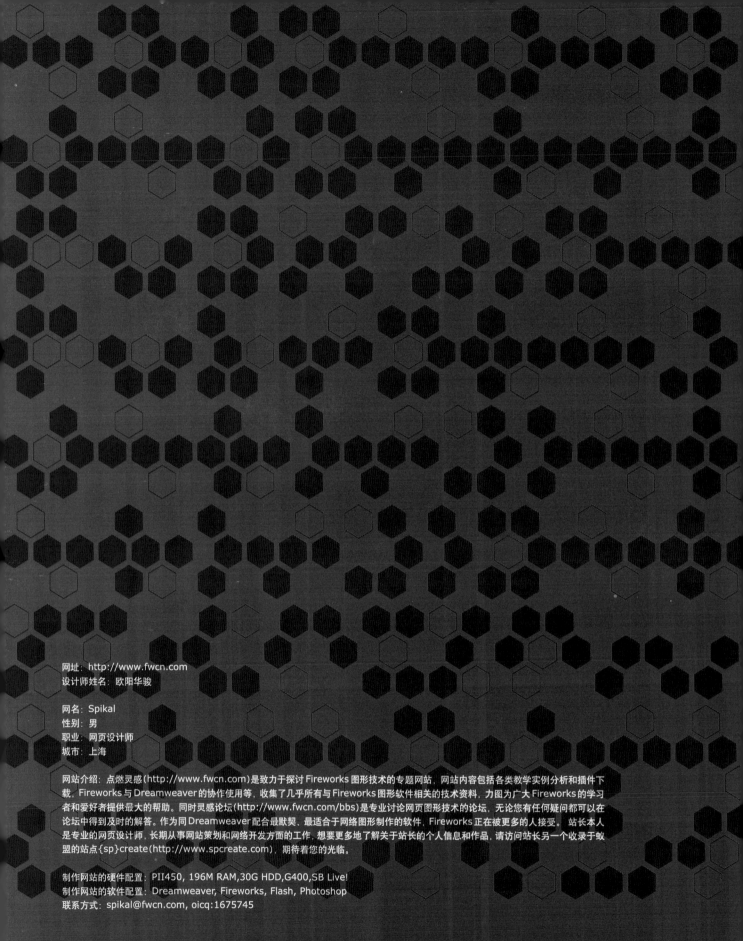

网址：http://www.fwcn.com
设计师姓名：欧阳华骏

网名：Spikal
性别：男
职业：网页设计师
城市：上海

网站介绍：点燃灵感(http://www.fwcn.com)是致力于探讨 Fireworks 图形技术的专题网站，网站内容包括各类教学实例分析和插件下载，Fireworks 与 Dreamweaver 的协作使用等，收集了几乎所有与 Fireworks 图形软件相关的技术资料，力图为广大 Fireworks 的学习者和爱好者提供最大的帮助。同时灵感论坛(http://www.fwcn.com/bbs)是专业讨论网页图形技术的论坛，无论您有任何疑问都可以在论坛中得到及时的解答。作为同 Dreamweaver 配合最默契、最适合于网络图形制作的软件，Fireworks 正在被更多的人接受。 站长本人是专业的网页设计师，长期从事网站策划和网络开发方面的工作，想要更多地了解关于站长的个人信息和作品，请访问站长另一个收录于蚁盟的站点{sp}create(http://www.spcreate.com)，期待着您的光临。

制作网站的硬件配置：PII450, 196M RAM,30G HDD,G400,SB Live!
制作网站的软件配置：Dreamweaver, Fireworks, Flash, Photoshop
联系方式：spikal@fwcn.com, oicq:1675745

fire the

请问你是什么时候接触网络的？以前你学的专业是什么呢？

我是1998年的时候上的网，刚一接触网络就对网上的技术特别是和设计有关的技术产生了浓厚的兴趣，当时我还在读大学，学的专业是航空，因为做学生的时候比较空闲所以就开始自学一些东西，并且作了些作品，后来就是凭借这些作品得以进入到专业设计师的行列中来，进了这行才知道自己懂的太少，真正的学习也就是从那时候开始的。

你觉得你是一个什么样儿的人呢？

我这个人还是比较随和的，而且还挺爱玩。我觉得星座上说的蛮准，上面写的就是我了。哦，对了，我是双鱼座的。

你现在的生活状态是怎么样的？

我有固定的工作，公司的经营状况也不错，休息的时候和朋友出去放松一下，基本上我对目前的生活还是比较满意的。不过如果有机会的话，我愿意接受更有难度的挑战，以提高自己的能力，当然也为了获得更好的生活条件。

你不做网站的时候喜欢做什么？为什么喜欢做？

最多的可以说是看碟片，有机会我们可以比比谁收藏的经典电影更多，我想我不会输的。导演是电影的灵魂，我看电影是看导演，如果可以理解导演所要表达的东西，那就是比较理想的状态，当然也经常有看不懂的时候。

能谈谈你最喜欢的音乐或是你最欣赏的艺术家吗？

我听的音乐类型很多，几乎是统吃的那种，除了乡村音乐和爵士乐我不喜欢，其他的都可以接受。我很早的时候就喜欢hip-hop的音乐，不过直到最近它才开始流行起来。前段时间迷上了Rave/Techno这类摇头音乐，这些日子以来几乎没有听过其他的音乐，也时常往迪厅跑。我喜欢的艺人也有很多，比如说那个什么骂粗口的MC HotDog(笑)。

能说说在生活中对你的设计影响很大的一个人吗？

说不上来，影响我更多的可能是一些小说、电影之类的东西。

你为什么选择做"网页教学"站呢？你觉得你的站最有价值的地方是什么？

呵呵，因为Fiewworks的教学网站在国内是个空白啊，那时候Dreamweaver和Flash的专题网站都十分红火，所以就有了这个想法。网站的价值……给希望学习Fireworks的朋友以最大的帮助吧，希望可以使他们花最短的时间来学习技术而把更多的精力放到设计上。

你最喜欢自己的哪个作品呢？能谈谈它的创作思路吗？

没有呢。希望是下一个，自己的东西看多了总会觉得不喜欢。

你觉得你的网站里还有什么令人遗憾的吗？

太多了，几乎说不过来，我只有尽力做到最好。

你在做这个站的过程中遇到的最大的困难是什么？你是怎么解决的？

应该是服务器吧，免费的空间显然不能达到要求，租用的话不但费用高而且速度方面也不理想，最关键是不能根据自己的需要来调整后台的运行。幸运的是一个好朋友给了我帮助，我现在使用的就是他的服务器，他的网站是闪盟在线。

请推荐给我们你最喜欢的三个站的网址。

www.cwd.dk
www.sina.com.cn
www.macromedia.com

什么是你理解的设计与艺术呢？你在其中是如何取舍的？

在现在的网络社会，设计要分为商业和个人两种性质，商业的设计是为了取悦大众，要求按人们最为习惯与接受的方式来做：个人的设计则是为了取悦自己，只要表达自己的想法就可以，不必关心多数受众的想法。在面对不同的对象如果都能做出满意的设计，才是一名优秀的设计师呢。

你怎么看待中国网站设计界的现状？

混乱！缺乏必要的流程和管理，多数时候都是个人行为，这样的现象绝对不是成熟的表现，不过大家都在尽力解决，不是吗？

想过你的明天吗？你下一阶段的目标是什么？说说看。

可能会去读书吧，在这个充满竞争的社会充电是必须的，只有不断学习才能不被淘汰，我决不是在讲什么大道理，而是真实的体会。就最近而言，我正在学一些多媒体方面的技术。

inspiration

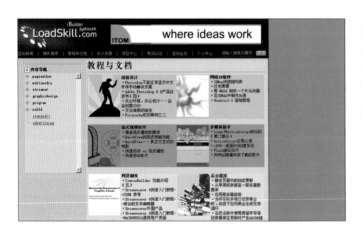

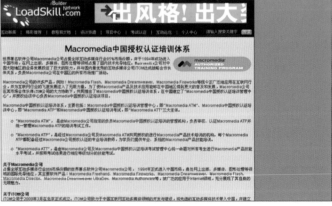

Http://www.loadskill.com

网址：http://www.loadskill.com
设计师姓名：谈熠

网名：Arky
性别：男
职业：互动技术总监
城市：上海

网站介绍：
Loadskill.com 是由北京互动通网络技术有限公司（iTOM Ltd.）创建并维护的，
是第一家面向中国用户的专业网络互动媒体技术门户站点，致力将英特网上最先
进的网络互动媒体技术引入中国，作为垂直性的技术门户网站(Vertical Portal)，
Loadskill.com 网站主要面对的受众包括网络技术人员、专业技术人员、技术爱
好者、网络策划和管理人员、相关技术厂商和有技术需求的客户。

制作网站的硬件配置：PC
制作网站的软件配置：Dreamweaver, Fireworks, Dreamweaver Ultradev,
Flash
联系方式：arky@21cn.com, icq:17119978, oicq:2152525

请问你是什么时候接触网络的？以前你学的专业是什么呢？

在1997年开始参与 BBS 活动，一年之后开始接触图形化界面的英特网。大学时学习的是机械设计与制造专业，主要由于兴趣的关系，工作后没有从事过本行。

你觉得你是一个什么样儿的人呢？

首先敢想，然后坚持自己的理想，并为之奋发图强。

你现在的生活状态是怎么样的？

能够保持着良好积极的心态，努力在生活的平淡中发掘乐趣。

你不做网站的时候喜欢做什么？为什么喜欢做？

其实我的工作中最大的部分不在于网站的设计和开发，我主要从事多媒体互动技术的实现，更多的时候喜欢去一些著名软件的用户讨论组进行交流，学习新的技术并考虑如何将它们运用到项目中去。之所以喜欢这么做，一来是兴趣所在，二来也是我的工作。

能谈谈你最喜欢的音乐或是你最欣赏的艺术家吗？

我喜欢 JAZZ 和欢快的轻音乐。最喜欢的艺术家是 Bob James。

能说说在生活中对你的设计影响很大的一个人吗？

具体的人说不出，但是从著名的 frog 设计公司得到的启发和影响最大。他们的网站是 http://www.frogdesign.com。有兴趣的话您一定去看看。嗯，我相信一句话："一切都是设计。"

你为什么选择做"网页教学"站呢？你觉得你的站最有价值的地方是什么？

做 LoadSkill 的初衷是为了将我们公司内部的技术、设计等信息交流推广到整个网络大环境中去，能够让更多有相同志趣的朋友从中受益。同时也希望能够通过网络将更多的爱好者们沟通在一起。我觉得就 LoadSkill 而言，最有价值的是网站给用户带来的内容和气氛。

你最喜欢自己的哪个作品呢？能谈谈它的创作思路吗？

到目前为止，我最喜欢的作品是和北京的同事一起用 Flash 和 Java 开发的在线多人游戏，网址是 http://game.efreeway.com.cn/main.htm。虽然现在的剧情还比较简单，但是我非常喜欢这个游戏的创意、设计和技术实现方法。主要的创作思路是制作一个在线的养成类多人游戏。

你觉得你的网站里还有什么令人遗憾的吗？

我想最大的遗憾应当是整个网站的维护方面，因为精力有限，所以有的时候会疲于网站的维护工作。人说"贵在坚持"，我想是因为难能所以可贵吧。

你在做这个站的过程中遇到的最大的困难是什么？你是怎么解决的？

最大的问题是项目的整体策划，有句英语谚语说："If you fail to plan than you plan to fail。"至于如何解决的，没有什么特别的，就是大家凑在一起集思广益，一步步做。

请推荐给我们你最喜欢的三个站的网址。

网络上设计优秀的网站实在太多，而他们又各自具有不同的目标群，因此在广泛意义上没有很强的可比性。所以我想不如说三个最用得到的网站吧。1.Google Search Engine（网址：http://www.google.com），我认为这是目前最好的搜索引擎，无论要在网络里做什么或找些什么，这样好的工具是必不可少的。2.Macromedia（网址：http://www.macromedia.com），我不仅喜欢 Macromedia 的产品，更喜欢 Macromedia 网站中所提供和索引的信息。3.Creative good（网址：http://www.creativegood.com）。这是一个咨询公司，目的是为了让网站有更高的可用性。我觉得其中所说的很能够帮助设计师找寻自己做设计所要达到的目的所在，这样才能够有的放矢。

什么是你理解的设计与艺术呢？你在其中是如何取舍的？

就我所认为，设计与艺术是互有区别的两个事物，而它们的共性是——好的设计和好的艺术一样，都表现了人性中喜、善面，并且都能够经得起时间的考验。而相对来说，当谈到设计时，我会不自觉地想到应用。我想设计相对于艺术来说可能有更多的目的性，并且是为特定的目标群服务的。

你怎么看待中国网站设计界的现状？

现状不好说，我也说不明白。不过明天是美好的，或许若干年后您现在所看的这本书就是一个最好的见证。

想过你的明天吗？你下一阶段的目标是什么？说说看。

明天不好说，主要还是踏踏实实地走。我想我会多尝试一些设计、运用与服务相整合的作品。就目前的网络而言，我认为作为一个媒体，其可用性还远远没有被完全发挥，所以我想这将会是一番设计的新天地。

有没有其他话想说说呢？

当然有。很感谢蚁盟所作的这番努力，辛勤的播种终将会有收获。我想即便目前国内的设计界中已经有不少天才了，仍然需要有更多像蚁盟这样能够培育大众的土壤。

网址: http://www.ayychina.com
设计师姓名: 孙雁

网名: 哎呀呀
性别: 女
职业: 多媒体设计师
城市: 上海

网站介绍:
AYYCHINA是目前国内惟一一家从事网络多媒
体互动教学的站点, 整个站点的所有课程都是
使用Flash开发而成的, 以互动的表达方式教授
课程和以传统的文字加图片的网络教学方式教
授课程相比较更容易提起学习者的兴趣。

站点包含了《名人访谈》、《热点追踪》、《COOL
站推荐》等栏目。在《名人访谈》栏目中虚拟主
持将为您采访一些国内外著名人物, 让您更贴
身地了解他们的成长过程。《热点追踪》中我们
的虚拟主持将为您介绍目前热门培训课程。
《COOL站推荐》栏目中, 虚拟主持又将为您推
荐国内外COOL站, 这些推荐都以Flash形式
制作, 您可以直接保存在硬盘上。

整个站点包含课程类型繁多, 适合各个阶层的
学习者。在设计上采用非常活泼的橘色系, 虚拟
教师贯穿整个站点, 使学习者更能放松心情投
入到学习中, 使学习不再是枯燥乏味的, 一种全
新的生动教学就在AYYCHINA!

制作网站的硬件配置: 256M内存, PIII733,
30G硬盘, LG未来窗, MUSTEK扫描仪, 富士
数码相机。
制作网站的软件配置: Photoshop 6,
Dreamweaver 3, flash 4
联系方式: sun_yan@online.sh.cn

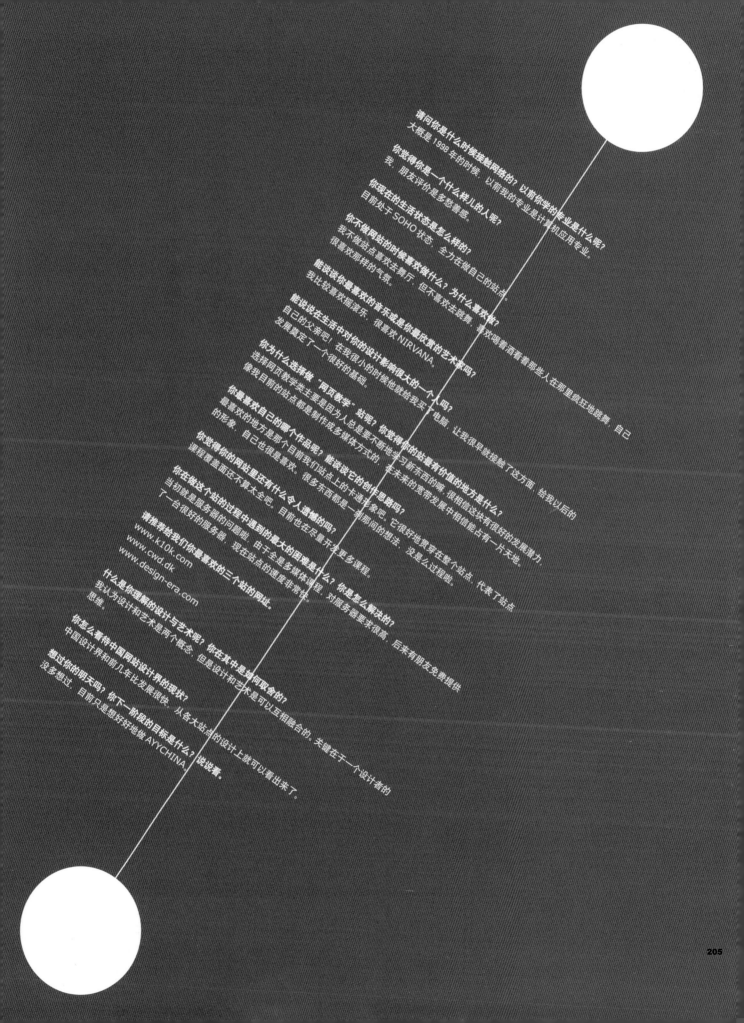

请问你是什么时候接触网络的?
大概是 1998 年的时候。以前我学的专业是计算机应用专业。

你觉得你是一个什么样儿的人呢?
我。朋友评价是多愁善感。

你现在的生活状态是怎么样的?
目前处于 SOHO 状态。全力在做自己的站点。

你不做网站的时候喜欢做什么? 为什么喜欢的?
我不做站点喜欢去做什么?喜欢去舞厅,但不喜欢去跳舞。
很喜欢那样的气氛。

能说说你最喜欢的音乐或是你最欣赏的艺术家吗?
我比较喜欢摇滚乐。很喜欢 NIRVANA。喜欢喝着酒看看那些人在那里疯狂地跳舞。自己

在生活中对你的设计影响很大的一个人吗?
自己的父亲吧!在我很小的时候他就给我买了电脑。让我很早就接触了这方面,给我以后的
发展奠定了一个很好的基础。

你为什么选择做"网页教学"站呢? 你觉得你的站最有价值的地方是什么?
选择网页教学主要是自己站点都是制作成多媒体方式的。可新东西的嘛。很相信这块有很好的发展潜力。
像我目前的站点都是制作成多媒体方式的。未来的宽带发展中相信能占有一片天地,
的形象。自己也很喜欢。它很好地贯穿在整个站点。代表了站点。

你喜欢自己的哪一个作品呢? 能说说它的创作思路吗?
最喜欢的地方是那个目前我们站点上的卡通形象。很多东西都是一瞬间产生的。
课程覆盖面还不够太全吧。目前也在尽量开发更多课程。

你觉得你的网站里还有什么令人遗憾的吗?
当初就是服务器的问题啦。由于全是多媒体课程,
了一台很好的服务器。现在站点的速度非常快。

你在做这个站的过程中遇到的最大的困难是什么? 你是怎么解决的?
www.k10k.com
www.cwd.com
www.design-era.com

请推荐给我们你最喜欢的三个站的网址。

什么是你理解的设计与艺术呢?
我认为设计和艺术是两个概念。但是设计和艺术是可以互相融合的。关键在于一个设计者的
思维。

你在其中是如何取舍的?

你怎么看待中国网站设计界的现状?
中国设计界和前几年比发展很快。从各大站点的设计上就可以看出来了。

想过你的明天吗? 你下一阶段的目标是什么? 说说看。
没多想过。目前只是想好好地做 AYYCHINA。

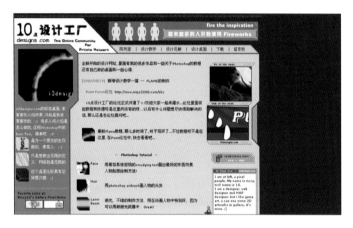

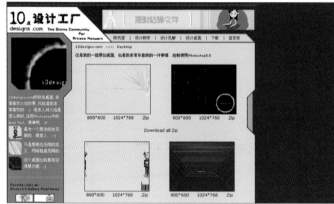

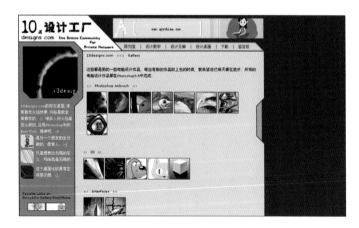

Http://wap.4gee.com/10designs

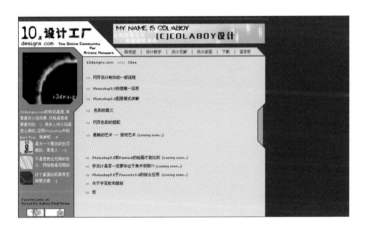

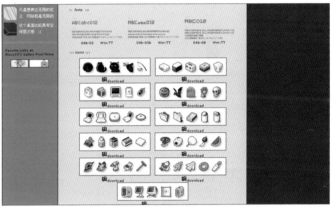

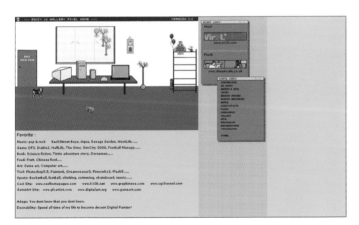

10designs.com

the online community for artist network

10designs.com

网址: http://www.10designs.com
设计师姓名: 王一羚

网名: Riccy
性别: 女
职业: Web Design & Wap Develop
城市: 上海

网站介绍: 最初开始着手规划网站草图的时候, 我就考虑到由于目标是想做成展示个人作品和讲授各种教程的实用型多内容网站, 所以就不能设计成很另类、却不实用的页面。整个风格围绕简洁的概念形成。
确定以简洁为主的最初概念以后, 下一步就是开始侧重考虑如何通过网页来传达概念。最终, 我还是选用了 45 度的斜角设计。通常在人们的想象中斜角比圆形边角要平板很多, 但要是全部版面中都用同一斜角的话, 那么又是另一种效果了。这也是斜角设计在国际上流行的原因。以后所有风格都围绕着斜角, 包括网站里面的一些细节(字体、排版)。我认为从细节的处理上可以反映出一个设计师的水平。

制作网站的硬件配置: PIII550, 128M RAM, TNTpro2, 30G HDD
制作网站的软件配置: Windows 2000, Photoshop 5.5, Dreamweaver 3, Fireworks 4
联系方式: riccy@10designs.com, icq:35868230, oicq:81705

请问你是什么时候接触网络的? 以前你学的专业是什么呢?
1999 年 6 月第一次有了上网的账号, 然后开始每天冲浪, 以前学的专业是计算机。

你觉得你是一个什么样儿的人呢?
想象力丰富、幽默、机智。

你不做网站的时候喜欢做什么? 为什么喜欢做?
玩 PC Game、旅游。玩 PC Game 因为喜欢游戏中的场景和人物, 同时也喜欢研究 Game Art 和 Concept Art。旅游可以开阔视野。

能谈谈你最喜欢的音乐或是你最欣赏的艺术家吗?
我的 MD 中只有 TECHNO 和 TRANCE 风格的音乐。

能说说在生活中对你的设计影响很大的一个人吗?
Dhabih eng 。

你为什么选择做"网页教学"站呢? 你觉得你的站最有价值的地方是什么?
为了让更多的人了解 Photoshop。最有价值的地方就是自己写的一些设计教程和网页设计理念。

你最喜欢自己的哪个作品呢? 能谈谈它的创作思路吗?
RAVE SHANGHIGH 栏目设计的 T-SHIRT 图案(http://www.point2k.com)。因为要符合 RAVE 精神, 所以在创作中融入了一些异类的风格。

你觉得你的网站里还有什么令人遗憾的吗?
自己的设计作品数量还太少。

你在做这个站的过程中遇到的最大的困难是什么? 你是怎么解决的?
资料来源。自己编写教程和资料。

请推荐给我们你最喜欢的三个站的网址。
www.goodbrush.com
www.sijun.com
www.gameart.com

什么是你理解的设计与艺术呢? 你在其中是如何取舍的?
设计就是抓住一瞬间的概念。艺术就是如何表达这一概念。根据不同的需要来抓住最佳的设计艺术效果。

你怎么看待中国网站设计界的现状?
刚刚起步, 与国外的设计还有很大一段差距。

想过你的明天吗? 你下一阶段的目标是什么? 说说看。
每天在想下一步该怎么走。目标: 出版一本有关设计的书。

有没有其他话想说呢?
创意工作者必须知道整个世界是紧密关联的, 不能只靠阅读来了解它。

电子杂志

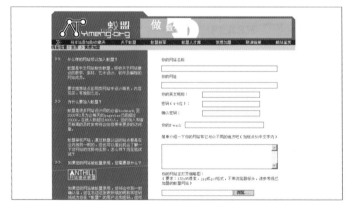

Http://www.yimeng.org

网址：http://www.yimeng.org
设计师姓名：文芳

网站介绍：蚁盟也叫中文网站设计联盟，是推动中国原创性网站设计和制作的民间组织。它是我在 1999 年 7 月创办的，现在有华人成员网站上百个，是从几万个申请网站中精选的。我们还是国外著名品网站 www.coolhomepages.com 中国惟一的合作者。现在这个网站由李明、我和柳国华维护，由于这个网站至今也还属于没有任何收入的公益站，所以在此我对他们两位一直不懈的支持和投入深表谢意。
联系方式：viviwen@263.net, viviwen@yimeng.org

请问你是什么时候接触网络的？以前你学的专业是什么呢？
1996 年夏天，以前学的装潢设计。

你现在的生活状态是怎么样的？
知道自己想干什么，并为它努力着。

你不做网站的时候喜欢做什么？为什么喜欢做？
喜欢瞎想，我就是想法特多然后就去做的那种人。想做陶，就辞了职跑到山里和泥去了；想做手工艺，就建立了"农夫水母"，专门做好玩的灯、玻璃、本子什么的；想做个关于本行的网站，就做了蚁盟；觉得中国没有一本自己的关于网页设计的书，就编了你手里的这本书。现在又迷上了电影，想拍一个独立电影。

能谈谈你最喜欢的音乐或是你最欣赏的艺术家吗？
单纯的音乐。我相信我将是我最爱的艺术家。

能说说在生活中对你的设计影响很大的一个人吗？
在做蚁盟的过程中我要对李明——我的合伙人深表敬意。一年多以来，他不但任劳任怨地一直帮我打理着蚁盟，而且还不断向我介绍优秀的设计网站和设计资源。没有他也就没有今天的蚁盟。

作为一个与设计和艺术有关的"电子杂志"，建立它的初衷是什么呢？你觉得它最有价值的地方是什么？
其实蚁盟的前身是 Alpha 工作室，那是 1998 年的事。当时我在中公网做设计部经理。每日繁杂的商业网站做得大家都很郁闷，所以我提议成立这个网上工作室来做些和设计有关的有意思的东西。但一年后，发现想做好一个探讨网页设计的专业网站几个人太少了，所以就建立了蚁盟。由于我们一直都是在业余时间做，所以精力和时间有限，现在的蚁盟也就做到了推荐好站这一点。

你最喜欢自己的哪个作品呢？能谈谈它的创作思路吗？
相对来说比较喜欢这个标志。我当时的灵感来自蚂蚁的体形和英文 Anthill 这个单词。我想蚁盟就像它的 Logo 一样，是靠很多看似微不足道的力量坚持不懈的协同合作、相互支持，才走到今天的。

你觉得你的网站里还有什么令人遗憾的吗？
很多很好的计划由于没有精力所以不能完成。有个很尴尬的事，就是主观上想把它做得更完美，客观上也可以做到，但是之后又没有足够的时间和资金支持它的膨胀。

你在做这个站的过程中遇到的最大的困难是什么？你是怎么解决的？
最大的困难是删站问题。蚁盟建站两年了，最开始收的站显然不能符合现在的标准。但是大批的删站必会引起广大成员的不满，所以曾经一度我们很为难。现在我们决定一定要删，顶置也要删，因为我们不想做成以成员量大而著称的网站；这样的站现在还有不少。反正我们也没什么野心，只是想做得爽一点罢了。所以现在蚁盟的申请和收录比基本上为 300：1。

请推荐给我们你最喜欢的三个站的网址。
www.yimeng.org
www.viviwen.com
www.designgraphik.com

什么是你理解的设计与艺术呢？你在其中是如何取舍的？
设计和艺术从某种角度来说是反向的，设计是越接近目的越成功，艺术是越远离目的，给人的想象余地越大越成功。对于我设计和艺术像树根和树冠，之所以我的树根努力向黑暗扎下去，是为了枝叶更接近阳光。

你怎么看待中国网站设计界的现状？
就看看蚁盟前后收的站就可以看出这两年国内网页设计发展的速度了。

想过你的明天吗？你下一阶段的目标是什么？说说看。
我的明天没什么可说，但愿蚁盟能继续发展下去，即使有一天我不做蚁盟了，它也能不断完善，毕竟，蚁盟是大家的。

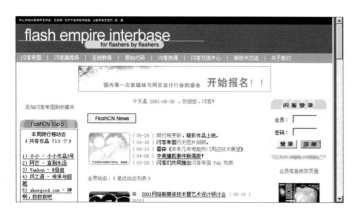

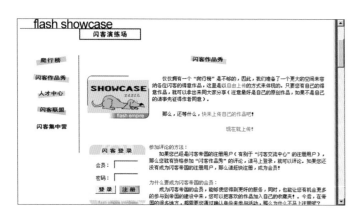

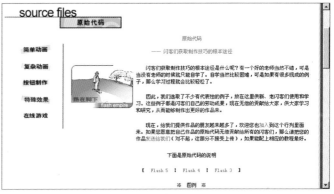

for flashers   by   flashers

flash emipire

网址：http://www.flashempire.com
设计师姓名：高大勇

网名：边城浪子
性别：男
职业：互联网行业
城市：北京

网站介绍：国内最大的 Flash 门户网站。

制作网站的硬件配置：PIII500
制作网站的软件配置：Photoshop, Dreamweaver
联系方式：icq:1591735, oicq:104388

请问你是什么时候接触网络的？以前你学的专业是什么呢？
1996 年。我的专业是计算机应用。

你觉得你是一个什么样儿的人呢？
兴趣广泛，但不爱运动，随意性比较强，还很懒惰……如果喜欢什么，那么就会全身心投入。

你现在的生活状态是怎么样的？
不停地忙碌，然后还是不停地忙碌。

你不做网站的时候喜欢做什么？为什么喜欢做？
看看 DVD，听听音乐。为什么喜欢？需要理由吗？

能谈谈你最喜欢的音乐或是你最欣赏的艺术家吗？
最喜欢的音乐是The Cranberries, Oasis, Green Day, Richard Marx, Nirvana, Travis, The Cure……最喜欢的艺术
家是黄大炜，王杰，齐秦……

能说说在生活中对你的设计影响很大的一个人吗？
Internet，如果可以的话……

你最喜欢自己的哪个作品呢？能谈谈它的创作思路吗？
最喜欢的作品是《闪客帝国》。推广 Flash 技术。

你觉得你的网站里还有什么令人遗憾的吗？
遗憾多多，很多系统没有完成或者有待重新规划。

你在做这个站的过程中遇到的最大的困难是什么？你是怎么解决的？
服务器，带宽什么的。找朋友解决吧。

请推荐给我们你最喜欢的三个站的网址。
www.google.com
www.flashkit.com
www.hi-pda.com

什么是你理解的设计与艺术呢？你在其中是如何取舍的？
简单即美。

你怎么看待中国网站设计界的现状？
越来越专业化了，可惜大家还是前途黯淡……对不起。

想过你的明天吗？你下一阶段的目标是什么？说说看。
我的明天，继续努力吧。"闪客帝国"要尽快发展到下一个阶段。

有没有其他话想说呢？
永远不要沾沾自喜吧。

Http://www.blueidea.com

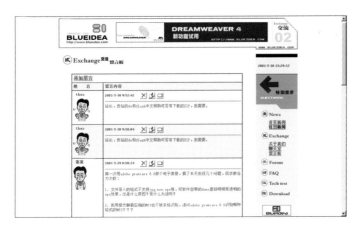

Blueidea

网址：http://www.blueidea.com
设计师姓名：曾沐阳

网名：蓝色理想
性别：男
职业：Macromedia 产品中国区技术支持
城市：上海

网站介绍：Blueidea.com 是以推广、应用 Macromedia 公司产品为主，开展学习、讨论各类网络技术及创作设计的社区型站点。Blueidea.com 集网上出版、多
媒体、图形处理为一体，其技术含量属国际先导，站点云集华人世界大批优秀网络人才，蚁盟成员及各大网络，广告公司的设计师，更有 50 多位颇具才华而又热
心的版主为您分忧解难。真正体现全面、先进、快速、互助互动的网络天地、设计沙龙。Blueidea.com 定期组织设计点评，发现在线设计杂志，组织线下设计师
技术交流聚会，其业绩得到同行的认可、媒体的推崇。为了理想，让我们共同努力！

制作网站的硬件配置：PII350, 128M RAM, i740 8M, 17î
制作网站的软件配置：UltraDev 4, Fireworks 4, Flash 5
联系方式：blueidea@blueidea.com, oicq:161364, icq:53801274

请问你是什么时候接触网络的？以前你学的专业是什么呢？

我是1999年元月开始上网的，我的专业是影视广告专业，在上网以前，做过电视节目策划、广告策划、产品包装设计、印刷，还做过苹果公司的技术支持。

你觉得你是一个什么样儿的人呢？

这个，真不好说，应该是一个完美主义者，做事很认真的人，也很实在，用别人的话来讲叫肯钻，我如果决定要做一件事就一定要尽自己的努力做到最好，不管是成功还是失败都会问心无愧。

你现在的生活状态是怎么样的？

生活状态，从现在来说比大多数网络工作者要好很多吧，反正我很知足。单身，有工作，能做自己喜欢的职业，并且结交和帮助很多网上的朋友。时不时可以弹弹吉他，出去旅游一下吧。现在越来越强烈地感觉到，网络不是生活的全部，生活才是重要的，生活也是丰富多彩的。互联网最疯狂的年代，不要命地每天工作十几个小时，很有激情，留给我的是笔无尽的财富，但现在需要得更多的是学习与思考、理智与稳定。现在站点已经告别了个人英雄主义时代了，站点是全体成员的站点，我只是个公务员，发发公告什么的，技术问题基本上我不负责解答了，都是站点成员在互助与奉献吧。当然，我更重要的工作是让站点活下去，并且活得更好吧。

你最喜欢自己的哪个作品呢？能谈谈它的创作思路吗？

没有。

你在做这个站的过程中遇到的最大的困难是什么？你是怎么解决的？

最大的困难是没有资金无法做大，这个问题目前是靠自己打工，另外加上朋友们的无私奉献来解决。第二个困难是没有程序员，有很多好的想法无法实现，解决办法是厚着脸找朋友做程序，另一个是自学编程，自己解决。

请推荐给我们你最喜欢的三个站的网址。

www.blueidea.com
www.yimeng.org
www.sina.com.cn

什么是你理解的设计与艺术呢？你在其中是如何取舍的？

艺术与设计的关系：设计可能要照顾更多人的感觉，并且还要去从别人的角度迎合一下；艺术当然是自己的感觉表现，想什么样子就什么样子，反正总有个说法。另外设计可能要更多地考虑实用性，受场合、规则、目的等限制。反正如果能给人以美、舒服的感觉，又达到设计的目的就是我的目标。

你不做网站的时候喜欢做什么？为什么喜欢做？

我，弹吉他、唱歌、阅读、运动、练书法、绘画等等，反正不喜欢娱乐场所也不喜欢酒吧，我显得有点不入流是吧？我觉得这些虽然是个休息的方式，但太浪费时间，不如看书来得平静。为什么要做这些？艺术是一个很大的概念，设计只是其中一部分，要提高自己，还得内外兼修，画内功夫画外补。往往一个人水平发展到一定阶段的时候，就很难有突破了，这时候就需要进一步提高自己的修养，广泛地涉猎各方面的知识，人文的、自然科学的等等，再来设计，就会有很大的提高。另外我所做的都是我喜欢做的，也不是刻意做出高雅状。我也挺喜欢打电游，网上帝国时代我也算是高手。只是玩游戏更费时间。但有时候也忍不住，我又不是神仙。呵呵。

能谈谈你最喜欢的音乐或是你最欣赏的艺术家吗？

我喜欢的音乐很杂，反正讲感觉吧，最喜欢的是BLUES，要不怎么叫《蓝色理想》呢？从校园民谣到重金属，从交响乐、民乐到爵士乐，只要感觉好听的，我都喜欢。最难受的是一次听现代音乐——一个香港人写的什么城市交响曲，听了两分钟就走人，太难听了，典型的精神折磨。现代人在城市里久了，都想把自己所受的折磨，让别人也体会一下。艺术家，最欣赏的是凡高，没有别的说的，他让我感动。

能说说在生活中对你的设计影响很大的一个人吗？

我想还是凡高。

作为一个与设计和艺术有关的"电子杂志"，建立它的初衷是什么呢？你觉得它最有价值的地方是什么？

初衷，很简单只想试试我发垃圾邮件的水平，是不是真的想给哪些人发邮件就发到，并且我不想让别人认为这是垃圾邮件，所以刻意做了些设计，并且加入了教程与讨论，结果证明大约有50%的人收不到。而这50%倒是真正想收到的。最有价值的是锻炼我让我不断地寻找怎么让想收到邮件的50%的人能收到我的邮件。并且凭这个能力，很多人愿意给我开更高的工资。其实我根本就不算是Ezone类的，邮件我只发了5期，并且以后也不打算发，收不到的人催你发，收到的人总是在骂垃圾。

你觉得你的网站里还有什么令人遗憾的吗？

目前的遗憾是没有把内容系统地建立起来，大量的资源与技巧埋在了论坛里面，需要大家去发掘、淘金。最大的遗憾是这些资源是花钱也买不来的，但却偏偏没有办法转为资金，并且在没有资金的情况下，光靠热情与奉献是无法为大家提供更好的服务的。

你怎么看待中国网站设计界的现状？

中国现在我觉得太多地被国外所引导，跟风的太多，尽用英文，没有办法突破，真正有想法的，技术水平又有欠缺，总是有想法而做不出呢。不过我觉得功能和内容可能是我更关注的，毕竟这是网络，如果是做印刷，我倒是觉得不少网站很不错，因为他们全是整页的大图，不叫做 网页，叫做图吧。可以说，有时候我是以页面上有多少可拷贝的文字来看一个网站的。另外中国有不少自己的特色，不一定全要用英文。有不少发挥的余地。

想过你的明天吗？你下一阶段的目标是什么？说说看。

我的明天，当然是想过简单而富裕的生活，然后做自己喜欢的事，画画、做音乐、种地放牧，都有可能。反正现在我提倡快乐工作，不是为了挣钱而工作。我的目标，不如说一下站点目标。站点目前来说，目标很现实了，不是上市也不是挣钱，先是站点能生存下去；再就是设计圈子里的人能到这个站上来休息，当这儿是个家，交些志同道合的朋友，并且学到一些知识，能据此找份稳定高薪的工作，过得比我好，就成了。

有没有其他话想说呢？

可能支持我的一万多站友想要我说更多的豪言壮语。但我现在的能力，只能做到这一步，泡沫早就得挤挤了，没什么好吹的。

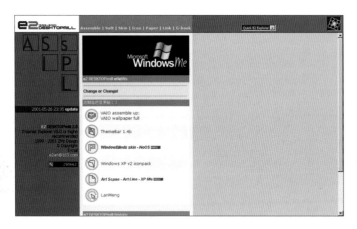

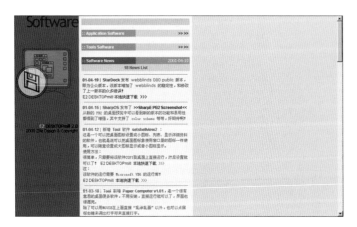

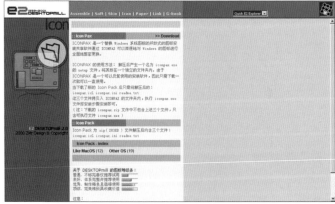

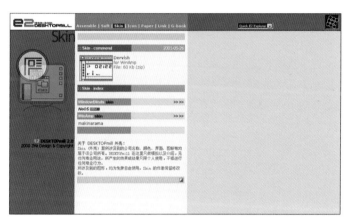

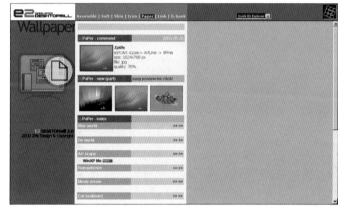

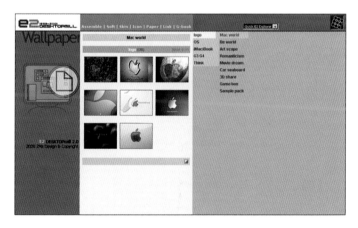

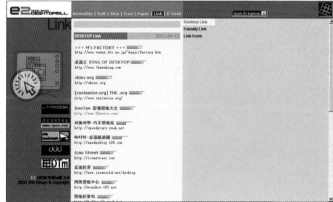

E2, desktop mill

网址: http://www.heavenglory.com/e2
设计师姓名: 朱民政

网名: e2
性别: 男
职业: 设计师
城市: 上海

网站介绍: Change All On Your DESKTOP!

制作网站的硬件配置: AMD K6-2 500, 160M RAM, 10G HDD, G200,
SAMSUNG 710s
制作网站的软件配置: Dreamweaver 3, Illustrator 8, ImageReady 3,
NotePad
联系方式: QQ:1318148

请问你是什么时候接触网络的？以前你学的专业是什么呢？
1996年初次接触网络，以前学的是平面设计专业。

你觉得你是一个什么样儿的人呢？
自由，自我，感性。

你现在的生活状态是怎么样的？
进行我的职业设计生涯，不知何时结束。

你不做网站的时候喜欢做什么？为什么喜欢做？
听音乐，因为我喜欢。

能谈谈你最喜欢的音乐或是你最欣赏的艺术家吗？
Enigma 喜多郎（它们都很有灵性，不做作）。

能说说在生活中对你的设计影响很大的一个人吗？
我。

作为一个与设计和艺术有关的"电子杂志"，建立它的初衷是什么呢？你觉得它最有价值的地方是什么？
速度和传达。

你最喜欢自己的哪个作品呢？能谈谈它的创作思路吗？
E2 DESKTOPmill，可以随心所欲。

你觉得你的网站里还有什么令人遗憾的吗？
没有能够和数据库结合起来。

你在做这个站的过程中遇到的最大的困难是什么？你是怎么解决的？
尽可能地将很多资源组织起来，既要清晰又不影响网站整体效果，尽可能地简单。

请推荐给我们你最喜欢的三个站的网址。
www.apple.com
www.adobe.com
www.bmw.com

什么是你理解的设计与艺术呢？你在其中是如何取舍的？
到处都充满着艺术，只等待你去发现，设计亦是其中之一，我在探寻中。

你怎么看待中国网站设计界的现状？
顺其自然，一切在变。

想过你的明天吗？你下一阶段的目标是什么？说说看。
我无法预见明天，但我肯定我仍然是个设计者。

有没有其他话想说呢？
网站其实是向着广阔无边的互联网敞开的一个窗口，在这里我希望您可以充分地去体会那些源自心灵深处的真、善、美，体会无处不在的艺术、灵感、激情……所有的一切可能来自近邻，可能来自遥远的地方，但是正是因为飘散着的犹如天堂般美妙、纯逸的光芒，所以它们汇集在这里，没有等级、没有利益，只有感觉，色彩为界限，如果它们有界限的话……

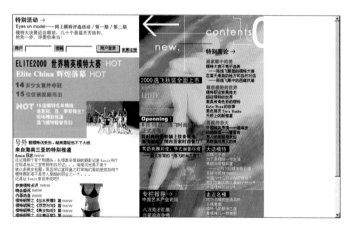

Http://www.yifei.com

网址：http://www.yifei.com
艺术顾问：陈逸飞
主设计师：许波
设计师：黎静，宗怡婷，彭辉
制作及动画设计：李枫，张前利

创意总监：周奔
网名：周奔
性别：男
职业：创意总监
城市：上海

网站介绍：逸飞时尚网站，由著名艺术家陈逸飞先生创办，由逸网工场创意设计制作。它的设计师来自全国各大设计名校，具有深厚的艺术和技术底蕴。逸飞时尚网站是一个集艺术与技术于一身的时尚网站，设计风格高贵现代，有张力。网站用户定位于具有一定文化修养、追求生活品质的知性人士。它的特色在于它是一个建构于Internet上的大型时尚期刊，表达一种生活品质及潮流。当然，它之中有些不够专业的地方，比如部分网页是由图片直接转成的，但是在中国目前的时尚网站中，它仍可以算是一枝独秀了。

制作网站的硬件配置：P III 850
制作网站的软件配置：Windows 2000
联系方式：上海市延安西路 1088 号长峰中心 18 楼，62076668（电话总机），info@yifei.net

请问你是什么时候接触网络的？以前你学的专业是什么呢？

我是 1996 年进入这个行业的，以前在上海交通大学的工业设计专业学习。

你觉得你是一个什么样儿的人呢？

我的性格直率、刚强，偶尔暴躁。这些性格时不时会在我的作品里出现，但同样，细腻的个性也会流露出来。

你现在的生活状态是怎么样的？

两个字：漂泊。

你不做网站的时候喜欢做什么？为什么喜欢做？

旅游、打游戏、睡觉。旅游可以让我的眼界和心胸变得开阔，打游戏和睡觉可以让我的心情和身体得到放松。

能谈谈你最喜欢的音乐或是你最欣赏的艺术家吗？

喜欢摇滚乐和苏格兰音乐，欣赏的乐队是 Beyond。

能说说在生活中对你的设计影响很大的一个人吗？

对我的设计影响很大的人是逸飞集团的创始人陈逸飞先生。

作为一个与设计和艺术有关的"电子杂志"，建立它的初衷是什么呢？你觉得它最有价值的地方是什么？

美，任何性质的美。

你最喜欢自己的哪个作品呢？能谈谈它的创作思路吗？

最成功的地方是网站的时尚、前卫之美，视觉的美固然重要，但内容的美更赋予人们的心灵以享受。我觉得不管任何年代、任何地区，美是任何人都需要的东西。

你觉得你的网站里还有什么令人遗憾的吗？

我会把这个问题埋藏在心里。

你在做这个站的过程中遇到的最大的困难是什么？你是怎么解决的？

我们做的是时尚，而时尚是不断变化发展的。所以我们的思维情绪也要不断地跟上。

什么是你理解的设计与艺术呢？你在其中是如何取舍的？

我觉得设计和艺术就是恢复事物本来样子，设计师的工作并不是刻意的。我取的是大处，着眼于大的地方；舍的是规则，我不会拘泥于艺术上的条条框框。

你怎么看待中国网站设计界的现状？

网站设计是任何人都可以从事的工作，但是如果真的要把这份事业做好，还是要有更多专业人士的参与。我期待着这一天的到来。

想过你的明天吗？你下一阶段的目标是什么？说说看。

想过。我希望拥有一个爱我的和我爱的人。

有没有其他话想说呢？

曾经有一份真诚的爱情放在我面前，但是我没有珍惜，等到失去的时候才追悔莫及。尘世间最痛苦的事莫过于此。如果上天给我一个再来一次的机会，我会对那个女孩子说三个字：我爱你；如果非要在这份感情上加一个期限，我希望是……一万年。

请推荐给我们你最喜欢的三个站的网址。

www.glassdog.com

www.wallpaper.com

www.killersits.com

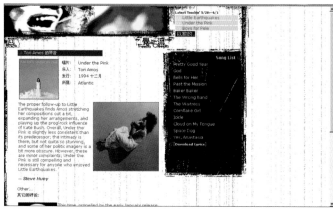

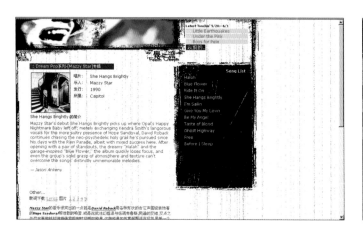

Http://narcissizm.yeah.net

:: The Doors
Jim Morrison + vocals
Ray Manzarek + piano bars
Robby Krieger + guitar
John Densmore + drums

灵魂之门（二）肖像
作者 冰绿茶（http://morrisonfire.home.chinaren.com）

James Douglas Morrison, Poet, Singer, Composer

"You know that it would be untrue, you know that I would be a liar, if I was to say to you, girl we couldn't get much higher" —— "Light My Fire"

:: The Doors
Jim Morrison + vocals
Ray Manzarek + piano bars
Robby Krieger + guitar
John Densmore + drums

:: 灵魂之门
01_好奇的陌生人
02_冬
03_大坝上触林
04_枪的爱演
05_当音乐结束之时
06_音乐结绝

灵魂之门（一）时代的陌生人
作者 冰绿茶（http://morrisonfire.home.chinaren.com）

People are strange when you are stranger
—— 摘自专辑 [Strange Days]

copyright deep green sea & nightbaby.myrice.com

网址：http://narcissizm.yeah.net
设计师姓名：赵沛

网名：Pepz
性别：男
职业：在校学生
城市：广州

网站介绍：Narcissizm|赏|原本是我和几个好友一齐梦想制作的独立音乐网站。但因为种种原因，现在只是我单独实现了"宿舍电台"这一部分。它是配合我在宿舍所做的网络广播而制作的介绍性网站。网上电台是作为个人音乐台的形式推出并对所播音乐没有种类、风格、地域、乐人的限制。不以讨好听众的听觉为基准，希望尽量地做到，能够直接面对音乐。并为所放音乐提供尽可能多的背景资料,以供参考之用而非引导性欣赏。资料引用有些是原版 E 文，因能力有限，不做翻译以保持文章的完整。
内容是围绕着每周三次的网上广播节目来进行的，分为三个部分：
1.|触 Touchin'|，这里没有用听，是觉得音乐最赤裸的感受应该是用心去接触的。所以尽可能地收集到节目所放唱片的详细背景资料，使听众在收听音乐之前或之后能很方便地查询。
2.|觉 Feelin'|，是些关于各种音乐的评论或介绍性文字，都是在精挑细选后才放上，而且和网上广播中放的音乐有关。
3.|流 Creepin'|，这是网站的主功能区，列出了网上广播播放的详细时间和节目表，及收听方法。
在网页设计中，完全没有参考任何国内或国外的页子(主要是害怕被影响)。记得是听着音乐，幻想着那种随意、无法限制的情绪，在图形软件中一点一点组合而成，大多是即兴所作，并非事先在脑子里有所想象。当然，在制作的过程中考虑最多的是怎样才能既把那种听音的情绪留住，又能够转换成网页排版的样式，让浏览者不致眼花缭乱。最后采取了躁动，随意的边缘修饰和传统排版组合效果。颜色则是在三个栏目中各有不同主色代表不同的感觉，再配以合适的 CSS 细节调整。为了更新的方便用了 iframe 把首页分为了四个小页和一个总页，并用模板来更新。页面的颜色会经常变动，保持新鲜度。
我一直以来做网页的初衷都是围绕着音乐，为了能把自己喜爱的各种音乐推荐给别人，期望着那种灵魂与音乐相触时闪烁着的各种情感，别人也能感受到，如此而已。不论听者的感受是喜爱也好，厌恶也罢。一年以来，共做了两个个人网页，都是关于音乐的。每次做网页，都在寻求感觉、视觉、内容排版的最好结合点。(当然，自己从没有满意过。)也去公司里做过商业网站，都是些没有感觉的作品。(商业一向不容个人感情的。)自己所学的市场营销也近似冷酷地传输给我商业无情的道理。正像爱好做网页一样，技术本身也是冷冰冰的代码或 n 次鼠标 Click，但加入情感的技术却可以带来无与伦比的魅力。我想我是在路上吧，在找寻那个结合点的路上。

制作网站的硬件配置：Duron 700, Fireball 20G, 256SDRAM, 15'Philips105b, TNT2pro16M, Acer50x, CreativePCI128, 无软驱
制作网站的软件配置：Dreamweaver UltraDev 4 + Photoshop 6.0,ImageReady 3.0
联系方式：pepz@sina.com, pepz@21cn.com

请问你是什么时候接触网络的？以前你学的专业是什么呢？

我是 2000 年 2 月开始学做网页的，以前一直是学生，现在的专业是市场营销。

你觉得你是一个什么样儿的人呢？

普通人。

你现在的生活状态是怎么样的？

读书，听音乐与活着。

你不做网站的时候喜欢做什么？为什么喜欢做？

其实我将少数时间用来做网站，其他的时间喜欢用来看书与听音乐。如果包里有足够 money 的话，也想着出去旅游一次。没什么特别的原因，就是喜欢，让我快乐。

能谈谈你最喜欢的音乐或是你最欣赏的艺术家吗？

我是非常非常地喜爱音乐，但到目前为止还是以一个聆听者的身份去接触音乐。没有固定或是绝对喜爱的音乐种类。在古典音乐里我喜欢 Davork——捷克的音乐家，他的《自新大陆》交响曲里的超越民族的感情让我感动无比。在爵士音乐里我喜欢 Ketil Bijornstad——挪威的钢琴诗人，他把诗化的旋律写进了钢琴特有的冥思之中，将古典、爵士，即兴音乐融合得这么和谐……在摇滚里，我喜欢美国的 Grunge 乐队 Smashing Pumpkins，在平静与躁动的裂缝中生存着的音乐，那里面有我对 20 岁以前的回忆……要说起这个就太多太多，哈，如果有空到我的网站上看看吧，内容都是和音乐有关。

你在做这个站的过程中遇到的最大的困难是什么？你是怎么解决的？

时间和精力不够，个人水平又有限。因为是一个人维护，从内容到技术上，更新一次——从收集资料、整理到上传都会花去很多时间和精力。与现在的学业冲突特别大。再加上做的是音乐主题，苦于音乐修养方面的不足，所以有些力不从心。哈，这个倒没解决，只想过，坚持一年再说。

请推荐给我们你最喜欢的三个站的网址。

exist2.com/estranger
www.elong.com
www.hereismusic.com

什么是你理解的设计与艺术呢？你在其中是如何取舍的？

觉得设计还是艺术追求的一种实现形式，和绘画、雕塑等一样，方式不同，目的一致。当然，上面的只是我个人的纯粹理想的想法。可是这里又说到一点，艺术本身也是为了某些东西的表达而生存着的。要在其中取舍，我想很难，两者是一个链子，打乱其中一环都不行，我这样认为的。

你怎么看待中国网站设计界的现状？

越来越繁荣的样子，越来越没有个性的趋势。

想过你的明天吗？你下一阶段的目标是什么？说说看。

想过，(和没想一样，反正明天才知道真不真) 放开技术，学些理念和提高自我修养。

有没有其他话想说呢？

希望大家活得快乐，健康。

能说说在生活中对你的设计影响很大的一个人吗？

对我制作网页影响最大的是音乐吧，不同的音乐在脑子里表现为各种形状和色彩，然后我试图把它用网页的方式做出来。

作为一个与设计和艺术有关的"电子杂志"，建立它的初衷是什么呢？你觉得它最有价值的地方是什么？

是为了我想做的网上电台的内容和介绍页子。最有价值的地方，对于我来说是收集一些音乐资料，整理出来，和网上电台上播放的东西搭配。对于别人，可能是放在我 FTP 里的那些音乐和一些相关资料吧。

你最喜欢自己的哪个作品呢？能谈谈它的创作思路吗？

没觉得这个站哪里做得最成功……呵呵，刚学做网页时就想过和朋友们做一个独立的音乐网站，一年之后，大家都忙了，虽然心里还是想做，可顾不过来。假期我有空一个月，就动手做了这个页子。但做出后朋友们嫌太乱太差，不满意。所以我就转为网上电台用了，哈。

你觉得你的网站里还有什么令人遗憾的吗？

最失败就是越看越死板，加上我不会 ASP 或其他编程，更新起来麻烦得很。

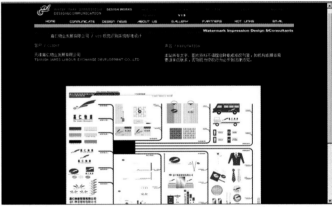

Http://shineyedo.yeah.net

WATER MARK IMPRESSION

网址：http://shineyedo.yeah.net　　网名：水印艺渡　　职业：平面设计师
设计师姓名：胡水　　性别：男　　城市：北京

网站介绍：主要是想把自己多年来的设计作品做一个小小的展示，达到沟通和互访，网站名称也是以我自己工作室的名称来命名的，即"水印艺渡"，因为我的名字里有水，希望它能够给我带来好运。

制作网站的硬件配置：PII400, ACER 50X, 256M RAM
制作网站的软件配置：Windows 2000, Photoshop 6, Dreamweaver 4, Fireworks 4
联系方式：shineyedo@263.net, oicq :2197496

请问你是什么时候接触网络的？以前你学的专业是什么呢？
我接触网络的时间是在1998年，在此之前我的专业是平面设计。

你觉得你是一个什么样儿的人呢？
我觉得是个爱思考的人吧，一个喜欢做自己的事情的人，不太喜欢人为的东西。

你现在的生活状态是怎么样的？
现在还谈不上什么生活状态，谈不上什么生活。现在是一种积累的过程。

你不做网站的时候喜欢做什么？为什么喜欢做？
不做网站的时候想着下一个网站怎么做，怎么做得比现在的这个更好一点。一般情况下喜欢听音乐，喜欢听各种各样的音乐，这样才能激发我的灵感。

能谈谈你最喜欢的音乐或是你最欣赏的艺术家吗？
音乐是设计或美术的双胞胎，能激发设计的灵感，我相信大部分的设计师在进行创作的时候是有音乐陪伴的。我没有最喜欢的音乐，是好的都比较喜欢，我比较喜欢纯音乐，比如古典音乐什么的、现代的、爵士的也喜欢。没有最欣赏的艺术家，只有更欣赏的艺术家，比如日本的视觉大师福田繁雄。

能说说在生活中对你的设计影响很大的一个人吗？
自己的影子。

作为一个与设计和艺术有关的"电子杂志"，建立它的初衷是什么呢？你觉得它最有价值的地方是什么？
建立它的初衷首先是因为比较热爱网络，一直想把网络做为同类交流的平台，为真正喜欢设计的朋友提供一个空间；其次是因为这些年搞了不少的设计作品，也想通过网络做一个小小的展示，希望能得到多方面的建议和意见。

你最喜欢自己的哪个作品呢？能谈谈它的创作思路吗？
比较喜欢的是自己的招贴设计作品《互动》，至今我还是很喜欢它，这部作品是我的代表作之一，在我的网站中有对它的介绍，它的创作过程其实是在有意和无意之间产生的，当时是和我的好友在一起聊天，记不太清楚说的什么了，当时在脑海里形成一种影像，回到家后用了5分钟就做出了草稿，用了15天做了修饰。

你觉得你的网站里还有什么令人遗憾的吗？
遗憾肯定是会有的，但不仅仅存在于我的网站设计中，我一直在推敲图形与图形之间的关系，而不是一个图形本身的效果，设计最关键的就是和谐，也就是要达到最高度的统一。在这点上我还在不断地探索。

你在做这个站的过程中遇到的最大的困难是什么？你是怎么解决的？
最大的困难就是艺术与商业之间的冲突，一方面我想转型以后做商业站点，而另一方面我又想把它做成极个性化的，就像现在的许多前卫站点那样。不过做艺术的前提是先要让自己吃饱，做商业网站最重要的就是功能性。我是想力求商业和艺术的完美结合，至于让自己纯感性的梦想自由放飞，我想我可以去单独做那样的一个站点。

请推荐给我们你最喜欢的三个站的网址。
www.k10k.net
www..phong.com
www.endopod.com

什么是你理解的设计与艺术呢？你在其中是如何取舍的？
我认为艺术是自己的，设计是为商业服务的，设计是商业发展的产物。我的设计观念是分开来谈的，一是商业设计，它维持设计的基本的资金运作，商业设计如果不能带来利润的话，就不是一项成功的设计。另一种就是自己的艺术，是自我肯定，让什么客户的需要统统见鬼去吧，让自己的灵魂安静地得到释放。

你怎么看待中国网站设计界的现状？
现在中国网站设计还处在学习和探索的阶段，发展还不是很成熟，这需要一个过程，尤其是在新的观念的冲击下，新的设计理念正在形成，现在是过渡时期。客观地讲，现在的网络设计界很混乱，鱼目混珠，但我相信会好起来的。

想过你的明天吗？你下一阶段的目标是什么？说说看。
明天是今天的积累，下一阶段的目标是积累资金进行再学习。学习是无止境的，向生活学，向大自然学。其实无所谓真正的目标，重要的是在于你确实地体验生活，而不是为它所累。但现在看来好像要有一段过程，想通过学习来开拓自己的眼界和提高自己的设计水平，有机会的话想出国去学学，毕竟那里是设计的起源之地。

有没有其他话想说说呢？
设计同仁的道路还很泥泞，千万要挣扎，别掉进沼泽。

鸣谢:

在这次"中国网页设计前线"的战役中,广大盟军的无条件支持是导致战斗最终胜利的重要条件。在此,我仅代表以蚁盟(www.yimeng.org)为首的一小撮主战军分子包括我、李明和DIJI向志愿军同志们致以最真挚的谢意。还望在今后的征程中,各位还能一如既往地、纯洁地、坚强地和我们站在一起。

下面发一下小红花,请列队一字站好:

徐 珂　北京易恩设计有限公司

泰祥洲　原HDT*公司创意总监

赵鹏飞　人民邮电出版社编辑

富 裕　贾海清　八股歌互动工厂

柳国华　蚁盟技术支持

汪 晨　HDT*公司系统管理员

汪 军　原知识在线设计师

尚 进　知识在线首席设计师

李 兢　决澜文化发展有限责任公司创意总监